时装画精品课
服装设计效果图手绘基础教程

QUALITY COURSE ON
FASHION
ILLUSTRATION

宅城 编著

U0335881

人民邮电出版社
北京

图书在版编目（ＣＩＰ）数据

时装画精品课：服装设计效果图手绘基础教程 ／ 宅
城编著. -- 北京：人民邮电出版社，2019.5
ISBN 978-7-115-50520-0

Ⅰ．①时… Ⅱ．①宅… Ⅲ．①时装－绘画技法－教材
Ⅳ．①TS941.28

中国版本图书馆CIP数据核字(2019)第056854号

内 容 提 要

本书以服装画的绘制过程为主线，注重服装画基础知识的讲解和运用。从草稿到线稿、到上色、到调整、再到完成，从入门到了解、再到参透，教读者正确地绘制服装效果图的方法和技巧。

全书结构清晰，讲解细致，分析深入，融入了作者多年的绘画与教学经验。读者可以通过本书的学习掌握适合自己的方法，找到属于自己的风格。

本书适合服装设计师、时尚插画师、时尚爱好者和手绘初学者阅读，同时也可以作为服装设计院校和服装培训机构的教学用书。

◆ 编　著　宅　城
　　责任编辑　杨　璐
　　责任印制　马振武

◆ 人民邮电出版社出版发行　　北京市丰台区成寿寺路 11 号
　　邮编　100164　　电子邮件　315@ptpress.com.cn
　　网址　http://www.ptpress.com.cn
　　雅迪云印（天津）科技有限公司印刷

◆ 开本：787×1092　1/16
　　印张：15.25
　　字数：428 千字　　　　　　　2019 年 5 月第 1 版
　　印数：1─2 500 册　　　　　　2019 年 5 月天津第 1 次印刷

定价：99.00 元
读者服务热线：(010)81055410　 印装质量热线：(010)81055316
反盗版热线：(010)81055315
广告经营许可证：京东工商广登字 20170147 号

前言
PREFACE

　　成为一名真正的服装设计师是我一直以来的梦想，机缘巧合让我与服装设计有了斩不断的特殊缘分。从一开始的激情四射，到迷茫、质疑，再到慢慢参透，最终领会到服装设计的独特魅力与其无穷的乐趣和价值。

　　在接触服装设计之初，我只是个把时尚简单理解为"男人穿上女人衣服，女人穿上男人衣服"的懵懂学生。经过大学教育的洗礼及自己课余的努力探索，我的审美水平提升了，对时尚的理解发展了。当我用更加成熟的眼光再去看这个世界时，它呈现的是另一种美丽的景象。同时，还看到了自己曾经的无知和现在的渺小，并开始对这个深不可测的世界愈发敬畏。这也是一直激励我不断进步、不断学习的原因。

　　到后来我渐渐明白，要想画好服装画，除了勤学苦练、坚持正确的方向之外，还有很重要的几点：一是成熟的审美观、高雅的品位；二是对人体造型各方面的知识和表现能力的掌握；三是对服装结构、工艺的理解及绘制能力。具备以上三点后，绘制服装画就不再成为难题，但要想画好也需要具有更高的技术水平、更丰富的绘制手法。

　　时装效果图的根基可以认为是人物速写，所以，平时多练一些人物速写对快速入门服装画有极大的帮助。另外，大家在学习本书时一定要明确顺序，先注重对画面的整体表现，在此基础上再进行自我发挥。本书不只是让大家学会服装画的某一种表现技法，更重要的在于举一反三，发挥自己的特长，形成自己独特的风格。

　　在写这本书的过程中，我有很多进步和感触，尤其是对于绘画细节的表现有了更深刻和全面的认识。原来细节可以这么丰富，而且可以做得更好。在教学体系方面，我也取得了很大的进步，对服装手绘的认识也更加深入，对服装手绘的热情不仅没有淡化，还得到了激发。

　　限于自己的水平，书中难免会有一些失误，希望大家批评指正，这将是我不断前进的动力。谢谢大家的支持！

　　最后，希望大家在学习服装效果图绘制的过程中保持认真的态度和愉悦的心情，不忘初心，一点一滴地积累，一笔一画地学习，一步一步地成长。

宅城

2018年11月

目录

04

时装效果图款式线稿绘制表现 /085

05

时装效果图线稿表现 /109

01

认识
时装效果图

1.1 时装效果图的概念与作用

1.1.1 时装效果图的概念

时装效果图，从字面上就可以看出，是用图片的形式表达时装的整体与细节效果。绘画者运用所掌握的绘画技法和服装设计理念，用手绘的形式表现理想化的时装与人体结合的效果，就是时装效果图。

时装效果图能准确或夸张地表现出服装成衣的艺术效果、服装特点，把时装设计与美感的精髓表达出来，具有独特的艺术欣赏价值。

虽然时装画的表现方法不是固定的、死板的，画法比较自由，但也是要以表达时装款式、设计效果为主要目的，所以在画时装画时，一定程度上受其约束。

1.1.2 时装效果图的作用

时装效果图的作用主要以成衣创作的完成情况为依据进行区分。

在成衣制作之前，时装效果图的存在意义简单来说就是表达设计思维，把意识中的成衣在平面上表达出来，用于审核服装效果，表达服装成衣的一些细节，使绘制者的设计思维更加清晰、具象，同时对不妥当、不满意的地方进行优化改造。

在成衣制作或独立的绘制创作完成之后，因其具备良好的审美价值，时装效果图又多用于商业宣传，也可以与服装一起或单独作为艺术品被收藏。

◎ 表达服装设计思维

表达/审核服装整体效果

在设计服装的过程中我们可以发现，并不是简单地有个想法就可以着手于成衣的制作，而是要先根据自己的设计理念和色彩搭配的构思把服装效果图画出来，对自己脑海中理想的成衣有个效果呈现。

灵感来源

设计思维

简单绘制出着装效果，审核并调整

最终确定

有时可能会觉得这个过程很麻烦，但是在绘制的过程中与绘制完成后的审核中会发现，有很多服装结构、服装元素是自己没有想到，甚至是没有想过的；有很多颜色搭配或服装款式上的搭配原来不是想象中那么美丽的；有很多设计上的漏洞是因为自己没有统筹全局而留下的。很多问题其实都可以通过服装效果图让自己的思维变得清晰，让自己模棱两可的服装细节更加具象，让自己的错误得以改正或调整，让自己的设计更加精妙。

表达服装款式结构和材质

服装效果图不仅表达大的服装效果，还能把服装主要的材质、款式轮廓、服装结构与细节表现出来。一些重要的缝合线或装饰线、服装的裁剪工艺、款式细节都能在服装效果图上得以表现。

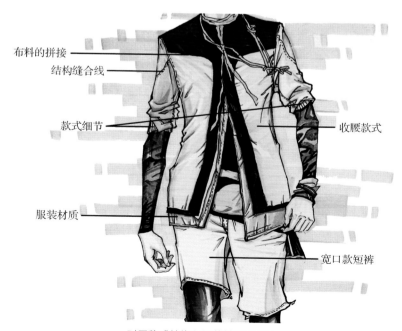

布料的拼接
结构缝合线
款式细节
服装材质
收腰款式
宽口款短裤

对于款式结构和服装材质的表达

表达服装色彩搭配效果

服装效果图可以把服装的色彩搭配相对准确或更好地表现出来，给成衣定个标准。另外也为了让绘制者有个参照，知道颜色搭配调整的方向。因为在设计过程中，理想中的色彩搭配制作成实物时可能并没有想象中那么美好，甚至会出现很大的问题。为了避免色彩搭配错误，也为了调整色彩搭配，使颜色更符合自己的设计标准，可以绘制出效果图来审核。

比如右边这幅时装效果图（局部），在之前的设计过程中觉得这两种颜色搭配会有一种柔和的协调感，但当表现在纸面上时，却并不是想象中那样。经过观察和分析，发现这两种颜色都存在色彩纯度偏高的问题。

表达服装设计理念

服装效果图也是表现设计师设计思维的一种媒介。把设计点或准确或夸张地表现在服装效果图上，让别人一眼就看出设计理念，被该设计所吸引，这都是服装效果图的优势。

在发现了服装色彩搭配不协调这个问题后，要对这个问题进行针对性解决。于是把上衣或裤子中的一个进行压灰处理，同时为了丰富画面再做一些渐变效果，另一个不变。这样能在保证画面原有基础色不变的情况下调整画面效果。进行了这样的处理后，红色上衣效果很强但不突兀，调整后的绿色裤子颜色也显得稳重，不会使画面颜色显得不搭，而色彩上同色系的渐变效果则使画面内容更加丰富。

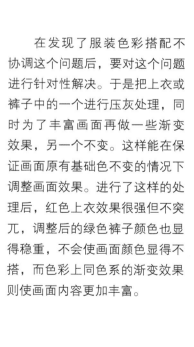

◎ 作为艺术品用于商业宣传或收藏

除了以上所说的用于表现、审核上的用途，服装效果图因其具有独特的审美价值，也可以作为绘画类艺术品使用，用于商业宣传和收藏。

在这个用途上，若夸张其局部，把具象服装的束缚抛弃，将力度都用在表达艺术效果和美感上，稍作改变，也可以成功地把服装效果图转化为更具艺术性与宣传价值的时装插画。

1.2　时装效果图与其他服装画

　　服装类手绘形式的作品有很多种，除了以上讲到的时装效果图，我们还需要对其他的服装画有一定的认识和了解。服装画主要分为服装效果图、时装插画、服装款式图、服装效果手稿、服装饰品画。每一种不同时装画的创作意图及侧重点是不一样的，这也决定了它们的用途。

1.2.1　时装效果图

　　在前面的知识讲解中已经对时装效果图做了初步的讲解，它主要是把抽象的思想转化成具象的图像，用于作者审核着装效果、设计思维的一种表现方式。另外它还可以被当作艺术品使用。

　　在时装效果图中，服装的款式搭配、色彩搭配及面料都能够通过画面表达出来。

　　总体来说，时装效果图其实包含了其他服装画的所有功能，既有时装插画的美感与宣传性，也能更精细地表达出服装效果，还能表现出服装效果手稿所表现不出的一些细节，也有对一些饰品的精细描绘。另外也可以表现出服装款式图的款式、结构、缝合方式等。但是在有针对性的表现上，还是需要使用其他时装画。时装插画更有艺术性；服装效果手稿能迅速地表达大效果；饰品画中对于单个物件的表达更准确、更精细；服装款式图更加标准，款式结构更能让别人看懂。

1.2.2 时装插画

　　时装插画与时装效果图最大的不同是它更加注重艺术性和宣传性，对于美感的要求更高，而且不太注重款式、色彩和面料的准确性，为了增强画面张力和表现力就算使用写意手法脱离实际，甚至为了美感"不择手段"也没有关系。夸张化的画面感和美感是它的特点。

　　时装插画的艺术性相比其他服装画更高，具有很高的审美价值，所以多用于商业宣传与艺术收藏，在时尚传播更快的今天，有很好的发展前景。

1.2.3　服装款式图

　　服装款式图与其他服装画的区别主要在于它几乎完全摒弃了艺术性，因为它的主要功能不是为自己所用。其功能主要是为服装生产商提供成衣制作的标准，在平面上清晰地表现出服装比例、结构、款式和细节，使服装纸样的制作师思路更清晰，制作更准确。

　　服装款式图最重要的功能是把服装款式结构展示给他人，作为参照图使用，所以绘制一定要简洁、清晰、明确，让样衣师可以直接看懂。

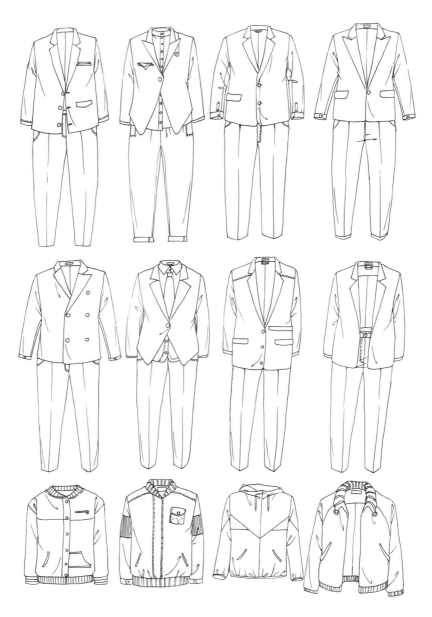

提示

　　有时设计师需要对服装款式图、服装效果手稿（或其他服装图类）表达不出来的内容进行详解，通常会在服装图类旁边附上文字说明，我们把附有文字资料的服装图称为服装资料图。

1.2.4 服装效果手稿

服装效果手稿最大的特点是：创意（表现上）、迅速（手法上）、整体（视觉上）。

有时设计的时间并不充裕，或者觉得没有必要将每个设计都精确地画出服装效果图，只要表现一个宏观的大效果就可以的时候，在这种情况下迅速表现出的画面就是服装效果手稿。它是服装设计构思过程中的一部分，用于绘制目的为针对性地表达服装设计思维中某个或几个重要设计点的情况。

服装效果手稿的功能与服装效果图类似，不过最主要的功能在于审核服装效果。它可以简单理解为是经过大简化后的服装效果图。

服装效果手稿通过寥寥几笔
表现出服装的大关系

1.2.5 服装饰品画

服装饰品画其实就是把服装效果图中的某个单件装饰物拿出来放大并进行细致描绘。因为有时最具设计感的是一个别出心裁的小物件，比如一个特殊结构的包。为了表现出这个精细部件的独特美感，需要设计师用单件描绘的办法来绘制。

专门精细表现服装的某个局部物件或装饰品的饰品画

1.3 时装效果图的绘制要点

1.3.1 绘制时装效果图的步骤

在对时装效果图进行细致学习之前，先来感受一下时装效果图整体的绘画过程，为之后的学习明确一个大的方向。

绘制时装效果图的标准步骤一般为：构思→起草和定稿（勾线确定线稿）→上固有色→上光影色→强化线条→最后调整。

◎ 构思

构思是绘制时装效果图的起点。它就像作战前的制定战术一样，在绘制开始之前一步步地计划出如何选择一条最近最流畅的、最少荆棘的路，一步步地完善画面直到最终完成。在绘制之前一定要有这样的思路，它会让你绘画的过程更加流畅。

构思主要体现在这几个方面：人体动态与衣服的关系（例如设计的衣服在左侧有一个精美的兜，这样我们就不能使用左手叉腰的动态，以便让衣服上这个精致的点展现出来）；绘画步骤（绘制的先后顺序，即上面讲到的构思到最后调整这些步骤）；颜色的搭配效果；要突出表现的点；最终理想的画面效果。绘制前把它（构思）作为目标，绘制时作为引导，一步步稳定地走下去，找到自己的感觉之后便可用这些成熟的经验自成一派，随意表达。

◎ 起草和定稿

起草的目的是把主要的动态、衣服廓形、五官位置等大概描述一下，另外很重要的一点就是给自己一个参照。

起草后，一些不好的地方会被发现，与此同时，如何更好地调整这个问题也就有了答案。然后我们把起草使用的铅笔放在一边，拿出勾线使用的笔，对草稿做出调整，决定最终线稿的形态。然后进一步完善细节，把线稿画出来，接着把起草的铅笔线条用橡皮擦掉，定稿也就完成了。

完成状态的线稿

◎ 上色（固有色和光影色）

线稿完成之后，就可以着手上色了。这里提供的基础技法是先上固有色，再上光影色，两个步骤分离。这样做的目的是避免参照失误。如果在绘制的过程中采用的方法是先完整地画完一个袖子，再完整地画完一条裤腿、一只鞋，逐个解决，最终完成画面的话，就会产生下述两个缺点。

① 会造成大关系的混乱，画面光影对比不协调。因为一个个地画没有可以参照的对象，只能参照对比着上一个画完的部分来继续想象着画，最后画完可能会发现与下一个的对比有偏差，就像灰与黑对比显得亮，灰与白对比却显得暗一样。所以上色一定要整体进行，先把固有色迅速铺好，然后整体上光影色（体积色），这样才能保证最终画面协调并不会出现大的错误。

② 会造成时间上的浪费。如果上色一直使用单个上色的方式，就不知道多久能画完，也不知道要深入到什么程度。如果是参加考试，有时间规定的话，单个服装很深入地画完之后，发现还有好多其他需要上色的地方没有上色，就会手忙脚乱，最后衣服画得很棒，但是鞋只上了固有色，腰带甚至还没来得及上色，这样的效果图是不合格的，绘制出的画面绝对不如其他整体进行，但是缺少细节的画面。就算没有时间规定，单个进行上色的方法也是不可行的，因为单个上色的画面无法主动控制节奏感。单个上色描绘出的画面或面面俱到却显平庸，或深入程度混乱让人感觉不协调。只有整体进行才能让自己占据主动权，把握画面节奏，通过对比决定某个部分的深入程度，使设计思维更加鲜明，画面富有变化，张力十足。

先上固有色，再上光影色，保持绘制过程整体进行，这样才能保证画面的整体性和协调性。

◎ 强化线条

在一幅画面中，线为骨，色为肉。画面的颜色完善之后，为了让画面的效果得到进一步的提升，就需要用到强化线条这个技法。这个步骤放在上色后面的原因是马克笔中的水会稀释墨水，如果先把线条完成，一不小心，画面就脏了。所以推荐勾线定型时用油性的细圆珠笔，墨汁不会被水稀释。

强化线条的主要目的就是加强各部分之间的对比；做出虚实变化、棱角感或柔和感。

◎ 最后调整

最后调整这一步骤包含很多内容，最常见的有使用高光笔调整画面，或用笔添加装饰线，或者用覆盖力特别强的丙烯笔来丰富画面效果或修改不好的地方，还有对于画面背景的处理等。

轮廓线的强化，注意虚实与转折处的处理

褶皱线的强化，最简单的处理方法就是使起褶点与终褶点粗重，中间虚化

轮廓转折处尽量处理得方一些，这样显得结构结实，轮廓明确而硬朗

时装效果图强化线条的主要技法

头发高光

装饰花纹

用于丰富画面的高光点

用于平衡画面重量的阴影

1.3.2 绘制时装效果图的优化方法

◎ 提升对比度

在画素描时，故意把黑白光影对比关系拉得很大，会让画面效果看起来更强。

同样的道理，既然较强的对比度能够给人带来视觉冲击力，那么我们当然要把这个方法用在时装效果图绘制中。简单来说就是让画面中同色系的明度对比更强，比如正常来说亮部是浅红暗部是中红，提高对比度后，亮部选用明度比浅红更高的亮红，暗部则用明度比中红更低的深红（夸张来说）。

◎ 注意色彩重量的平衡

加强整体的明暗关系

在一幅画面中，色彩重量的分配是很重要的，颜色越淡重量越轻，颜色越深重量越重。保持画面色彩重量平衡的关键在于对重色的分配。简单举个例子，如果在一幅时装效果图中，模特一身白色连体裙，穿一双纯白色鞋子，肤色也十分白皙，只有头发乌黑。因为在色彩重量上头重脚轻，所以这样的效果图按常规画出来会感觉模特身子特别飘。这时有两个解决办法，第一是加强整体明暗关系，让白色的裙子也能有很重色的暗部，这样就平衡了整个画面的色彩重量，画面看起来也协调很多。

增加画面重色以平衡画面大关系

除了加强整体明暗关系，还有一个办法。因为我们的视觉习惯是画面下部重（因为看起来稳），所以可以直接在模特鞋子下面用黑色重重地卡上几笔（可以视为投影），或者使用重色的画面元素，这样也可以较简单地解决色彩重量不稳定这个问题。

下图中脚下的重色稳定了画面，而四个重色也完美地平衡了画面的色彩重量。当然这个办法不止限于上下的平衡，在一幅画面中，如果只考虑协调性，除了在中间位置，其他部位每一个重点的颜色都应该在对立的地方有着与它相对应的颜色。

◎ 画面节奏

　　除了以上几点，合理的设计画面节奏也是优化画面必不可少的方法。如果整个画面中都使用同样的表现手法，或者同样的表现程度，就算画得面面俱到，整体看起来还是平淡无奇，这是因为画面缺乏节奏感。画面节奏，可以理解为画面中我们主观控制的色彩或线稿的丰富程度以及色彩间的对比度的变化。

　　在下面左边这幅画面中，先用精细丰富的手法来表现上半身服装，下半身大面积的裙子直接慢慢向下虚化，控制画面节奏产生一个大的变化，在鞋与箱包上再使用丰富的笔触来表现，又使节奏感产生一个大的反差。这样的画面让人看起来不仅有意思，而且使上衣部分与箱包鞋子部分十分抢眼，也使画面的整体表现力大大增强。所以画面节奏感的设计运用也是优化时装效果图画面极为重要的一种方法。

　　在下面右边这幅时装效果图中，颜色明度的节奏变化主导了画面。自上而下从精致的脸部描绘，到更为繁华的上衣效果有个节奏的变化，再向下到裤子部分突然大面积留白，产生一种放松的效果，到了裤子最下面的宽荷叶边，又有着精致的花纹描绘。这几次的节奏变化不仅互相区分，还在同一个整体内产生了鲜明的对比，互相衬托，使每一个部分都凭着自己独特的节奏产生了独特的美感。

画面节奏的设计决定了画面效果的精彩程度

1.3.3　绘制时装效果图的主要技法

◎ 添加肌理和装饰效果

　　在需要表达某个布料的材质或发现画面效果不丰富时，最常用到的技法就是使用肌理、装饰技法。一来能很好地还原服装材质，二来可以丰富视觉感受。

◎ 留白

留白是最能体现绘画功底的一种技法，对绘者整体把控画面的能力有一定的要求，同时也是初学者要慎用的技法。因为此法使用不当会使画面看起来非常不协调。

留白一定要用在合适的地方，在画面留白附近也要做好过渡，在经验不足的情况下尽量避免非常突然地使用。总的来说，这是个省力却有效，但极其考验能力的技法。

◎ 妆容和身形

大家一定都看过关于买家秀这类的话题，在这些夸张的对比中可以明白一个道理：衣服的效果与穿着对象有很大的关系。影响服装效果的模特因素有两个，即脸型与身形。

一个漂亮的脸蛋可以给服装加分，这也是正式秀场都会聘用专业模特的原因。同样的道理在时装效果图上也是一样。所以在时装效果图的教学中，脸部的绘制是一个很重要的环节。出于各种需要，添加脸部的上妆效果也是加强整体效果的一种技法。

姣好的脸型配上美丽的妆容，会赋予画面特别的效果。

除了脸部影响服装美感，模特的身形对服装效果则有着决定性的作用，这也是为什么很多爱美人士都要去减肥塑形的原因。其实仅对于服装效果来说，优雅身姿的作用大于漂亮的脸部。有了好的身材，就算脸型不是很精致，还是可以驾驭时装的。

　　模特修长、富有曲线的身材可以把服装的效果体现得淋漓尽致。

　　简单来说，好的身材决定了服装效果的下限，好的面容决定了服装效果的上限。

02

时装效果图的

绘制工具

2.1 笔类工具

2.1.1 铅笔

◎ 铅笔的特点

　　铅笔（或自动铅笔）是绘画起稿时常用的绘图工具。它最重要的特点就是可修改性强。在起稿时，因为完全是在一张空白的图纸上绘制，没有参照，所以绘制过程中难免会出现一些错误，使用铅笔方便进行修改。

◎ 起稿时铅笔的用法

　　起稿时，铅笔的主要功能是确定人物、服装的大概轮廓。

　　第1步，先轻轻地画出标准线，大概确定好身体各部位的位置。

　　第2步，进一步深入刻画人体及服装轮廓线，使其越来越清晰具象，在脸上大概确定五官位置。

　　第3步，画出五官、服装大概款式形状，审视大关系，做最后调整。

单个人体起稿。

2.1.2　针管笔和圆珠笔

◎ 针管笔和圆珠笔的特点

　　针管笔是使用比较普遍的服装画勾线工具。它根据不同需求有着不同的型号，最细的型号可以进行非常精细的描绘。其绘制的线条也较均匀，缺点是0.5mm以下型号的勾线笔流畅度不是很好，且其墨汁容易被马克笔墨水中的水分稀释导致画面产生污损。

圆珠笔不是常规时装效果图绘制中常用的工具，但是它具有一个重要的特点，就是它的墨汁是油性的，在勾线后再用马克笔上色时不会像中性笔和钢笔一类的笔工具一样，被马克笔中含的水分晕染开导致画面变脏，对于高光笔也是一样的。解决了以上问题，在用马克笔上色时的运笔也会更加自信流畅。

圆珠笔粗笔头和细笔头在绘画时画出的效果不同，各有优势。0.7mm及以上的笔锋圆润较大，绘制效果强，用起来流畅，在运笔的过程中控制力道可以画出线条丰富的虚实变化。0.5mm的笔锋较小，虽然也较圆润，但是因为有些尖锐所以会感觉没有粗笔头那么流畅，但是也在可以接受的范围内。我们刚好可以利用它小巧、收得住的特点去绘制脸部、手部以及其他一些需要精细刻画的部分。

使用圆珠笔绘制的初步线稿

◎ 定稿时圆珠笔的用法

　　定稿时，圆珠笔的主要功能是定型、确定线稿。所以，要按照线稿的指示勾出线稿，注意勾线时一定不要完全按照铅笔稿去描，要有一种优化的意识，在线稿确定前对其进行二次调整，最后用橡皮把铅笔稿擦去即可。还要注意的一点是要运笔顺畅，尽量迅速地画，这样可以保证线条的稳定性。

对铅笔稿进行优化调整

2.1.3　马克笔

◎ 马克笔的选择

　　马克笔是时装效果图上色最重要的工具之一，其品牌也有很多，目前性价比与实用性都比较高的品牌有斯塔马克笔（STA），其笔触结实，绘制时颜色边界分明（本书中未另外标明品牌所用马克笔均为STA）。另外，灰色系法卡勒马克笔也是极佳的选择。如果经济条件允许，那么Copic马克笔绝对是不二之选，除了那高昂的价格让人望而却步之外，其他都非常合适。

各式各样的马克笔

Copic高端马克笔

◎ 马克笔的特点

马克笔的主要功能是上色。马克笔色泽清新通透富有层次，主笔触方方正正极具现代感，易上手，上色速度快，使用携带方便。

马克笔主要分为水性、油性、酒精性3类。水性马克笔色彩鲜亮，笔触边缘清晰，与水彩笔结合使用会产生淡彩的效果。但是它也有自己的缺点，因为墨汁中水分较多，所以不能大面积融色或多次叠色，容易造成画面颜色变得污浊。

油性及酒精性马克笔色彩柔和，可以适应一般次数的色彩叠加，层次鲜明，使用比较广泛。一般选择常见的酒精性马克笔即可，同时尽量选择较硬朗的笔触。

一支马克笔的两端分别有两个不同形状的笔头，一侧为圆头，较细；另一侧为方形，较粗。

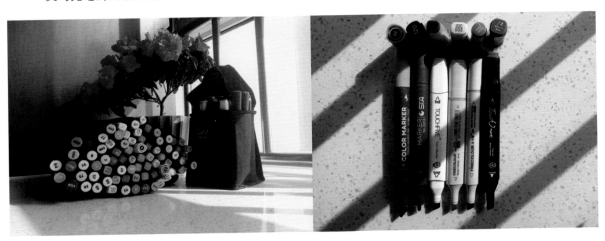

◎ 上色时马克笔的用法

使用马克笔上色时的步骤很简单，即先铺大面积色（固有色），再细致刻画精细、富有变化的颜色（光影色）。

马克笔笔触讲解

① 宽笔触

宽笔触多用来铺大的颜色关系。使马克笔笔锋侧面贴紧纸面（但不要太用力）快速流畅地扫，中间不要停顿，到终点顿一下立刻收笔。这是最基础最普遍的用法，要点是中间过程一定要快，不要犹豫，这样可以保证颜色的通透性。画不直也要快速地练，多练习就可以画直。如果一旦有了缩手缩脚的心理，画出的颜色就会不均匀、不通透。

收笔的时候要自信，相信自己一定会在终点完美地停顿。多练习就能掌握技巧，读者尽可以大胆尝试。如果刚开始练习时实在掌握不好，可以放慢笔速，然后再加快。

宽笔触进阶用法：根据需求稍加提笔来控制马克笔与纸面的接触面积，可以画出各种宽度的线条。

② 细笔头

马克笔宽头的另一边是较细且圆滑的笔头，它用来填充宽笔触无法完美填充的边缘棱角颜色，或者用来慢慢绘制一些细节的地方。

提示

细笔头虽然在绘制细节方面比宽笔触更加细腻，但是因为笔头小颜料供应快，所以颜色会比宽笔触更深一些，所以除了在边缘处使用或独立使用，一般不要与宽笔触搭配用于整块颜色的中间部分。

③ 宽笔侧锋

宽笔触两边有两个侧锋，一边较粗，一边较锋利。较粗的一边可以用来代替细笔头使用，锋利的一边多用来过渡或者表现特殊的细节，不推荐多用。

在练习的过程中，肯定会出现一些不小心的留白或颜色的多余叠加，不用担心，多加练习就可以慢慢减少这些误笔的出现。最重要的一点，还是自信，就算错了千万次，下一次还是无惧失败的"手起笔落"。胆大心细，就是成功的秘诀。

马克笔上色讲解

虽然单只马克笔的颜色是固定的，但是可以通过多次叠加增加其明度，同时也要注意控制次数，因为经过多次叠加墨水中的水分会破坏纸张的表面，反而得不偿失。马克笔上色主要通过使用色彩搭配、叠色、融色、笔触使用、留白这几个技法来表达画面色彩、明暗与空间。

① 单色叠加

马克笔的基础用法就是单色叠加。因为马克笔的特性加上快速扫笔的技法，其颜色的饱和度并不高，所以颜色干了之后可以再次覆盖增加颜色饱和度，并且赋予颜色变化丰富的层次感。这种过渡方法适用于简单过渡，过渡的明度差不会很大，要注意颜色饱和度较高时就不要继续覆盖了，否则会出现颜色污浊、不均匀或者颜色溢出的情况。

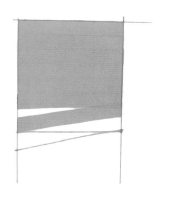

也可使用简单的笔法来过渡。

除了单色叠加，单只马克笔还有一种迅速做出过渡的方法——扫笔。

扫笔能够一笔扫出颜色的过渡、虚实变化，在表现局部细腻的颜色变化时非常有效。扫笔属于马克笔的高级用法，对基本功的要求很高，要多加练习掌握好力度。

② 多色叠加

如果想要过渡的颜色明度相差较大或者需要丰富的变化，则可以使用多色叠加的方法。选择多种颜色，按由浅到深的顺序依次上色。注意一定要由浅到深，否则浅色覆盖深色时其中的水分会消释深色，使深色部分变得污浊。

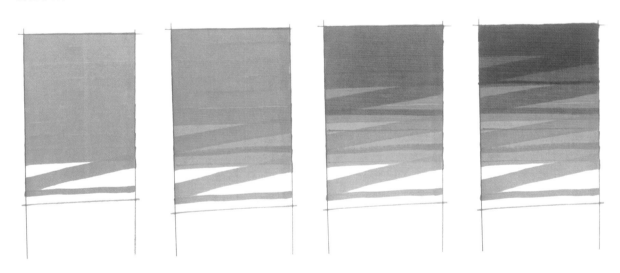

提示

马克笔用笔要求快速、肯定，这样才能使画出的颜色通透，并给叠色打下基础。快速上色再叠加会产生一定区别的层次感。

马克笔的使用层次大概在3个左右，不过在某些画面中具体画多少层次还得看画面节奏需求。

马克笔的使用最需要注意的就是其排线方法，要注意粗、中、细笔触的分配运用，避免死板。平铺时则要注意笔触的衔接。

马克笔的叠色、融色一般都是在前一遍颜色完全干后进行，否则会使画面色彩不均匀或造成纸面变形、起毛。

马克笔的练习方法

① 直线的练法

在纸张上画两条有一定距离且互相平行的直线，以两条直线分别作为起点和终点，练习直线的连接。

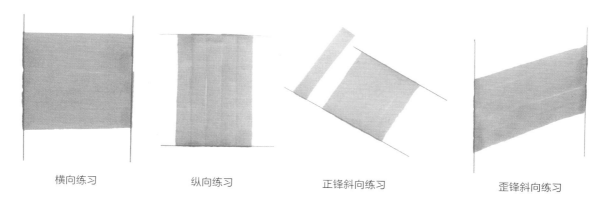

横向练习　　　　　纵向练习　　　　　正锋斜向练习　　　　　歪锋斜向练习

② 曲线的练法

在纸上边缘附近画出一条曲线，然后根据曲线的走向练习。可以是各个不同方向。

③ 扫笔练习方法

与练习直线的方式类似，注意过程中笔要整体慢慢提起，一定要保持手部的稳定。

各个方向的扫笔练习。

2.1.4　彩铅和彩色圆珠笔

◎ 彩铅和彩色圆珠笔的特点

　　彩铅即彩色铅笔，它的主要功能也是上色。与马克笔不同的地方是因为其笔触小，所以它的颜色变化更丰富、更细腻。彩铅有一定的覆盖力，且叠加笔触绘图时会有融色的效果。在以马克笔上色的效果图中多用来表达精致的细节。

　　彩铅上色效果。

普通线条效果　　　　　轻力平涂效果　　　　　调子叠色效果　　　　　平涂叠色效果

　　与彩铅性质相仿的有彩色圆珠笔，不过彩色圆珠笔市面上可选颜色较少，不容易表达高级一点的灰色，另外其覆盖性也大不如彩铅，变化也没有彩铅那么丰富，但是其便捷性、流畅性都略高于彩铅，适合处理一些颜色较简单的服装饰品或其他细节。

　　彩色圆珠笔上色效果。

普通线条效果　　　　　轻力平涂效果　　　　　调子叠色效果　　　　　平涂叠色效果

　　彩铅和彩色圆珠笔通常用于小幅、精致的作品，或与马克笔配合使用，因为在大幅的画面中彩铅的铺色速度太慢，而且如果对操作技法掌握不熟练，画出的颜色还可能会不均匀。

◎ 上色时彩铅或彩色圆珠笔的用法

使用彩铅或彩色圆珠笔上色时，先用浅色对所有转折处、明暗交界线作出交代，作为提示，然后交代大关系，最后深入。

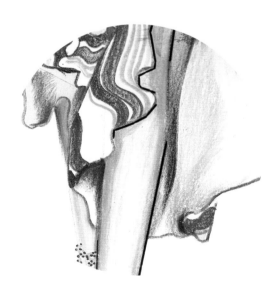

2.1.5 钢笔和小篆

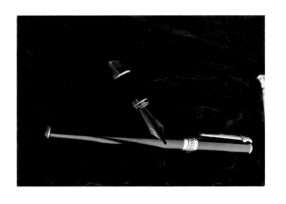

◎ 钢笔和小篆的特点

　　钢笔的功能主要是强化线条感，使线条富有张力，富有变化。强化线条感时，要使用笔锋较粗的钢笔，而且形状比较方，用起来虚实变化比较丰富，线条较为结实有力。如果把笔锋换成美工钢笔的笔锋，搭配恰当的技法则会有更多的变化。

钢笔绘制的线条

钢笔绘制的脸部效果

使用美工钢笔笔锋绘制的线条及脸部效果

勾线时除了用钢笔，小篆也是非常实用的一种工具。小篆的型号很适合绘制正常大小的时装画，它与钢笔都是最后勾线强化线条感时使用的笔类工具，区别是钢笔绘制的效果很硬，轮廓感非常强，而小篆的笔锋很软，变化也很和缓，适合绘制一些柔和优美的曲线。

小篆绘制的线条效果

小篆绘制的脸部效果

◎ 勾线时钢笔和小篆的用法

一般钢笔、小篆的使用都放在画面的收尾阶段，因为钢笔、小篆的墨水水性较大，刚画完时被多余的动作碰到会使画面污损，所以用时也要注意尽量避开，或者等其水分挥发。同时要注意就算挥发干了也不要用马克笔去触碰，干了的墨水遇上马克笔中的水分还是会被稀释开，造成画面污损。而且画面墨水较多的地方高光笔也不好覆盖，所以一定要确定画面没有什么大问题后再使用钢笔和小篆工具收尾。

2.1.6　高光笔（或各种有色丙烯笔）

◎ 高光笔的特点

　　高光笔有覆盖力强的特点，所以它主要
有修改瑕疵，添加肌理效果（如高光点、布
料花纹），丰富画面这几个作用。

　　高光笔也有型号的区别，大型号高光笔覆盖力更强，甚至可以用于覆盖钢笔的痕迹，多用于修改调整。
小型号高光笔覆盖力没那么强，能依稀透出底色，所以绘制出的白色也不会太跳，比较适合用在画面中。

◎ 调整画面时高光笔的用法

　　高光笔对于消除扰乱画面的错误笔触有很好的效果，但要注意适度，不是所有破出型（颜色溢出线稿）的颜色都要消除，有很多也可以使画面看起来自然放松，所以要注意使用时不要死板。另外，用于白色装饰线作用时，要注意底色的颜色越深，装饰纹的效果就越强，如果一开始就准备在最后用高光笔装饰画面，那么应尽量把服装上的颜色画得重一些，这样会产生很强烈的效果。最常用的就是在深色牛仔布上使用高光笔绘制结构线。

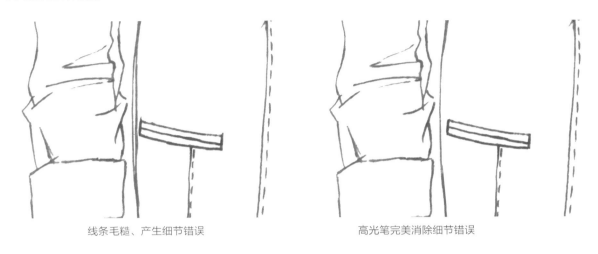

线条毛糙、产生细节错误　　　　　　　高光笔完美消除细节错误

2.2　纸张

　　绘制时装效果图可使用的纸张很多，按照不同的绘制深入程度可以选择不同质量的纸张，根据画面需求也可以选择不同质感或颜色的纸张。

2.2.1　一般纸张

◎ 普通打印纸

　　普通打印纸的纸张比较一般，价格较低，可用于数量较大、较简单的基础效果图绘制，如服装效果手稿、服装款式图、服装资料图。因为普通打印纸的纸张较薄，吸收马克笔中的水分后容易出现晕开的问题，所以不适合深入绘制。

◎ 加厚优质打印纸

加厚优质打印纸纸张较厚不易破损，只要不把笔头与纸面长时间接触（顿笔时间过长），就不会出现墨水晕开的问题。另外，因为其纸张厚实平滑，绘制时不会出现用力过猛纸张被带起来的问题，且绘制起来让人感到流畅，色彩饱和度高，连续叠色富有层次感，非常适合时装效果图的绘制。

◎ 卡纸

卡纸更为厚实，就算经过很多次叠色，纸张也不会污损，适合精细时装效果图或时装插画、饰品画的绘制。

2.2.2　特殊纸张

◎ 有色纸张

要表达特别的画面效果或有特殊的画面需求时可以使用有色纸张，利用好纸张颜色与绘图颜色的关系，赋予画面不一样的视觉感受。用好了会很出彩，运用不当就会很糟糕。

使用有色纸张主要有两种方法。

第1种：选择需要样式的彩色纸（也可以是图案纸），巧妙地运用其底色或图案，形成服装面料或人物皮肤的色彩，再勾勒好线条确定其服装款式及人物形态。

第2种：在普通白色纸上画好人物或着装人物后剪下，再根据想要的效果选择色纸贴于其上，既免去了背景色的填充，又可以用特殊的色彩来强化画面的效果。

◎ 肌理纸张

肌理纸张的使用并不广泛，牛皮纸算是其中比较常见的，其特有的粗糙感有时会给画面带来沧桑的感觉。其他各种不同质感的纸类也各有其特点，画面与所选材质的有机结合会营造出独特的画面效果。

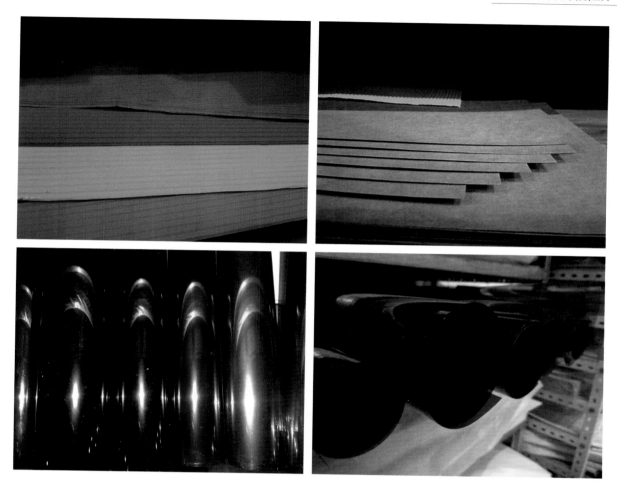

◎ 硫酸纸

硫酸纸呈半透明状，非常适合用来拷贝图像。另外，因其有着合理的半透明度，在上面使用马克笔会表现为淡色半透明状，而黑色的勾线笔在上面则还是黑色，利用这样的特性绘制画面也可以营造出一种特别的感觉。

除此之外它与针管笔是"绝配"，针管笔的墨水能够完美地与硫酸纸结合，非常适合在硫酸纸上描线。与此相比圆珠笔在硫酸纸上的附着力不强，易断墨。钢笔、小篆的水分又太多，挥发时间太长还容易蹭脏画面。

2.3　其他辅助工具

尺子

尺子对于初学者来说十分有用，它能用十分准确的数据协助你用比例、长度方面的知识来完成画面，直到自己找到长度的感觉，掌握距离、长度、比例等方面的规律。另外，工具尺上的小几何形状有时会在装饰效果上起到意想不到的作用。

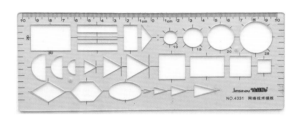

色粉

色粉具有一定的覆盖性，对于后期调节画面有画龙点睛的效果。在用于上色时，由于其特有的粉末状效果，特别适合做颜色的渐变效果，用于普通上色也别有一番风味。

色卡

色卡对于时装效果图的绘制有着十分重要的作用。色彩之间的区别需要有个参照，而马克笔又是一旦画上就没办法反悔的上色工具，就算是十分熟练的绘画者也会有不常用的、生疏的颜色，所以在绘制效果图时用于色彩参照的色卡是十分重要的。

高光橡皮

高光橡皮比普通橡皮质地更硬，常用的边沿与平面接触的面积较小，不会发生想擦掉一个手指结果把整个手都擦掉的情况，对于时装效果图的草图修改十分适用。

03

时装效果图

人体线稿
绘制技巧

3.1　人体比例

　　无论是时装效果图还是其他时装画，都离不开最基础的人体的控制。人体的控制是时装效果图绘制的重点和难点。一幅好的效果图人体，应具备比例协调、结构准确、重心稳定、动态优美富有张力、脸部绘制精致漂亮等特点。

　　如果对人体比例有着成熟的认识，就可以运用这方面的知识表达出，甚至极大地优化想表达的样衣效果。可以随意按照自己的需求给服装"高级定制"一个专属的模特。第一步就是先设定模特的身材，这个步骤主要是根据设计的衣款来设定。比如说想表达一个连衣裙，就可以主观地把下半身拉长来增强视觉冲击力，加强服装的效果；想表达一种中性风的女装夹克，就可以主观增加一下肩宽，但是注意要适当，不要看起来像个男性人体。

　　一般来说标准的模特头身比都是在1：8左右，但是在服装画中，为了追求更好的效果、更强的视觉冲击力，通常会主观地拉长模特的腿部，提高腰位线，使男性显得高大雄壮，女性显得纤细高挑。经过拉长处理之后，画面中模特的头身比通常都达到了1：9甚至1：10。

　　在拉长的时候一定要注意整体的比例，避免比例失衡。

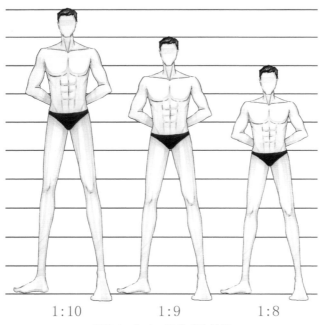

男性1：8-1：10头身比效果

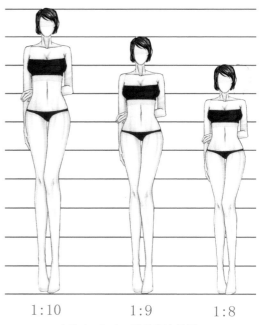

女性1：8-1：10头身比效果

3.1.1 男性人体

男性身材比例上的最大特点，也是最能区分男女身材的一点，就是肩宽臀窄。另外，男性的腿身比例通常要比女性低，也就是说一般情况下同样身高的男女，女性的腿会比男性长一些。腿身比例如此，再加上女性的肩宽明显比男性窄很多，就造成了明明是同样的身高，但是在视觉上，女性比男性看起来高挑一些。

◎ 纵向比例

头：上半身：下半身为1：3：6；肘部高度比腰部高一些，若手臂长可以与腰线齐平，数值没有那么绝对，大致和这个比例相差不多就可以。

◎ 横向比例

通常男性肩宽等于头长的两倍，臀宽可以大致与肩宽减去胳膊的宽度相同。

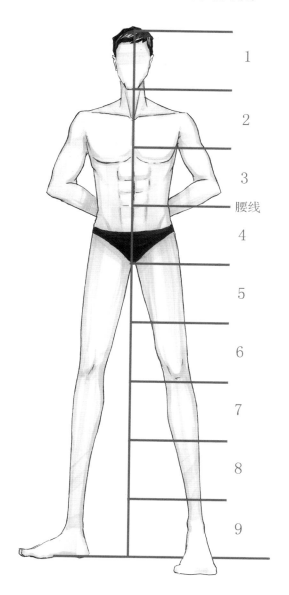

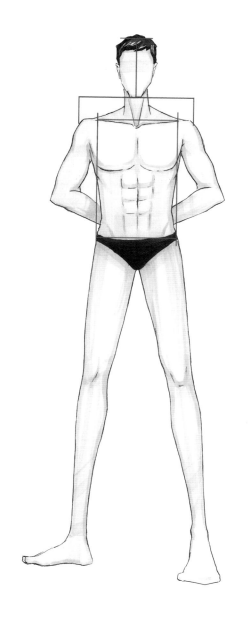

3.1.2 女性人体

女性身材在比例上的特点与男性相反，肩窄臀宽、腿身比例高。

◎ 纵向比例

头：上半身：下半身（以腰为分界线）大致也可视为1:3:6，但注意腰线要比男性靠上，也是这一点使女性身材看起来比男性更高挑。

◎ 横向比例

通常女性的肩宽等于两个脸部宽度加上脖子的宽度（较细的脖子），臀宽与肩宽相等。

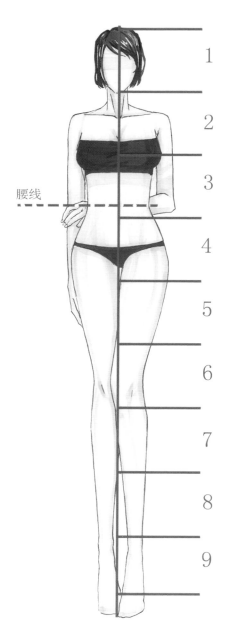

腰线

1
2
3
4
5
6
7
8
9

3.1.3 儿童人体

儿童最显著的形体特征就是头占全身的比例很大，身体各部位都在发育阶段，稍有肥短稚嫩的感觉。

◎ 纵向比例

　　头：上半身：下半身为 1：2.5：4.5。

◎ 横向比例

　　儿童的头肩比视年龄及发育状况而定，一般肩宽是头宽的两倍左右。

腰线

1
2
3
4
5
6
7

3.2 人体结构

　　人体的主要结构分为骨骼和肌肉两个部分。骨骼作为人体的固定支架，每个人在结构上都是相同的，它几乎不受人体胖瘦程度的影响（在骨骼宽度与长度上是有影响的），决定的是衣服在人体上固定的支撑点（如肩峰）。肌肉虽然也有固定的结构与穿插关系，但因人的个体差异而区别很大。无论胖瘦程度还是强壮程度，都能对着衣效果产生一定的影响，它决定的是人体不固定的支撑点（如隆起的啤酒肚）。

　　虽然人人都会有不同的身体情况，但是最基本的骨骼、肌肉穿插都是相同的。所以只要我们熟练掌握好骨骼与肌肉的位置关系，并对肌肉的主要穿插有一定的理解，再加上经常练习，人体结构这个问题将不再成为我们的阻碍。

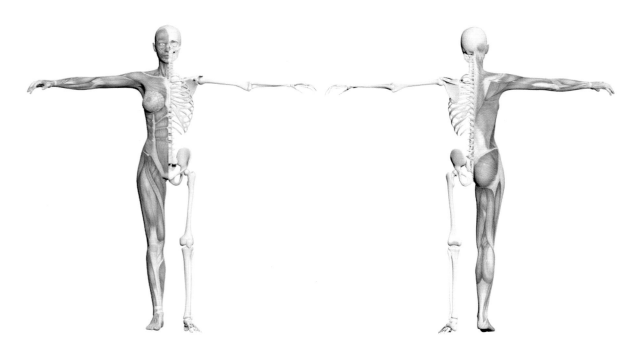

3.2.1　骨骼和肌肉结构

◎ 身体

身体骨骼结构

　　在身体外观上可以看到（绘制用到）的主要骨骼结构：颞线（额头转向侧面处）、颧骨、锁骨、肩顶点、肘部、髋部、膝盖、脚踝、脚跟以及更加细节的手指、脚趾关节等。

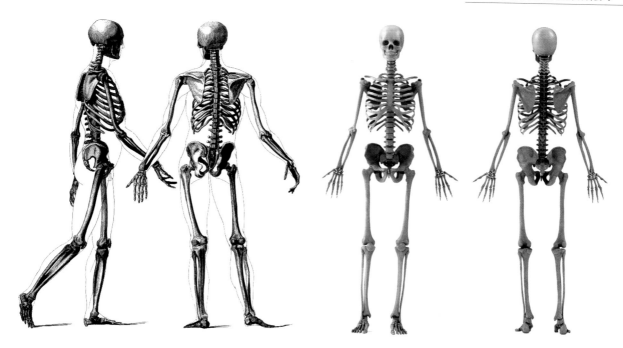

身体肌肉结构

　　男性身体上的肌肉会或多或少地在外部表现出来，女性人体在观看时（绘制时）则不需要表现出很明显的肌肉，主要把胸部、臀部画得丰满些，腰部、四肢及脖子画细些即可。

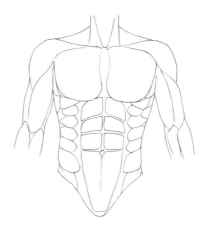

◎ 手部

手部骨骼结构

　　手部皮肤较薄，骨骼在外观上有一些表现，所以在绘制手部时要注意将关节处理得硬朗一些，这样画出来的手比较有力度。

手部肌肉结构

　　手部肌肉的重要部分主要在于手掌肌肉的轮廓。手掌肌肉比较多，尤其是拇指侧与小指侧，绘制时注意除了保留主要的转折，手掌肌肉较长的轮廓线的绘制尽量做出曲线感，这样可以体现手掌的柔软感觉，同时衬托出手指的骨感。

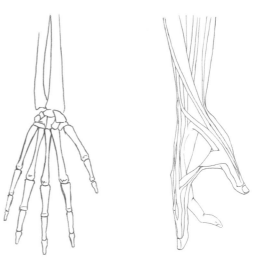

◎ 手臂

手臂骨骼结构

手臂骨骼一般不会表现出来，大部分都被肌肉覆盖，除了肘部的硬转折。

手臂肌肉结构

绘制男性手臂肌肉时要根据下图画出轮廓，注意主要肌肉走向。绘制女性手臂时不用想太多，在三角肌，二、三头肌及小臂肌肉处画出一定的凸起弧度，简单表示一下即可，甚至可以直接用直线表示。

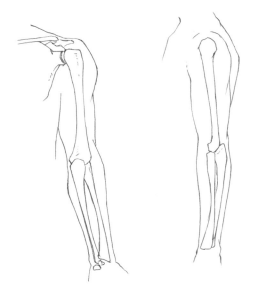

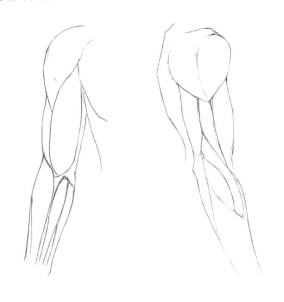

◎ 脚部

脚部骨骼结构

脚部最重要的骨骼结构是脚踝。它是脚部最硬最明显的结构（侧面看则是脚面骨结构轮廓较硬较清晰），绘制时注意内侧骨要比外侧骨位置稍高一些。

脚部肌肉结构

注意把脚掌分成两部分：前脚掌、后脚掌。从内侧看足弓是分开两部分的界线，从外侧看注意脚跟前方有一块微微向外鼓出的一点肌肉，这块肌肉开始的地方就是前后脚掌分界点，另外这块肌肉前方前脚掌顶端附近还有一块类似的肌肉向外鼓起，在绘制时要画出来。

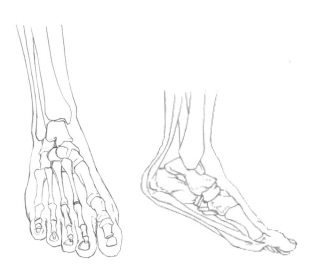

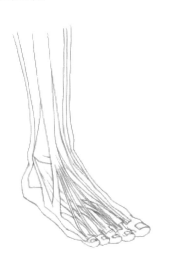

◎ 腿部

腿部骨骼结构

腿部骨骼只有膝盖是可以明显表现出来的硬结构，侧面绘制时要着重表现一下。正面绘制时最好也要用线条表示一下。

腿部肌肉结构

腿部肌肉块大而长，在时装效果图中是身体最重要的肌肉部分。绘制大腿肌肉时要特别注意轮廓线在肌肉交界处的微妙转折。绘制小腿肌肉时要注意外侧肌肉比内侧肌肉高一些，但小一些，轮廓转折较硬，肌肉末端直接与小腿下部分的腿骨轮廓线相接；内侧肌肉转折较软，但肌肉体积较大，在与小腿骨末端轮廓的衔接中产生优美的弧度变化。

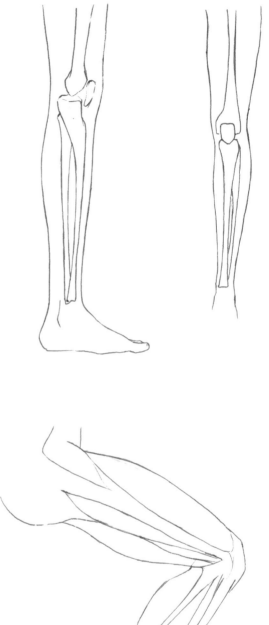

3.2.2 人体体块

◎ 身体

　　人的身体主要由两个大体块与一系列偏小的体块构成，两个主要的大体块分别为胸腔和盆腔。代表腰部及其他部位的球体都是可活动的。各种关节的转动造成体块活动并协调形成了多姿多彩的动态。

　　头部可以看作由一个球体与一个圆锥体穿插组合而成，颈部与头部的穿插处在圆锥后方偏上的位置。

◎ 手部

　　手部结构虽然复杂，但还是可以将其概括为一个大且扁的梯形体与十个小长方体（这里手指以第一关节为界分成两部分）的组合。

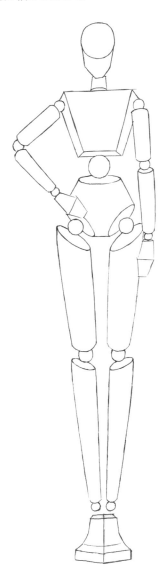

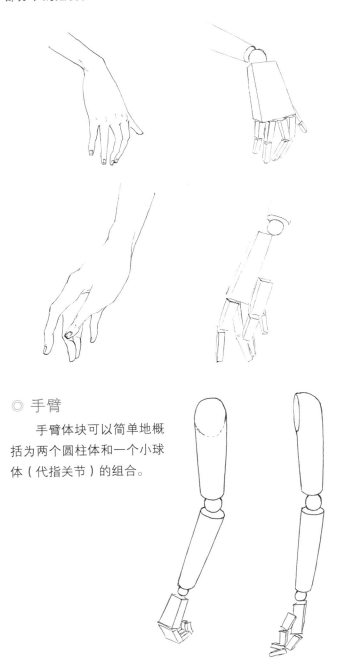

◎ 手臂

　　手臂体块可以简单地概括为两个圆柱体和一个小球体（代指关节）的组合。

◎ 脚部

脚部可以概括为代表整个脚掌的长方体、代表脚面上鼓起部分的三角形体、代表五个脚趾的梯形体的组合。

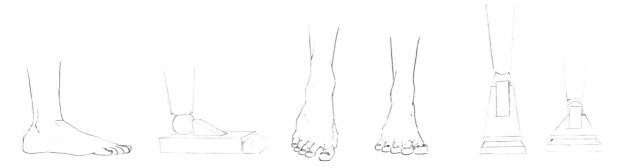

◎ 腿部

腿部由大腿、膝盖、小腿组成，可以看作两个圆柱体被一个球体连接，但上切面是斜着的。

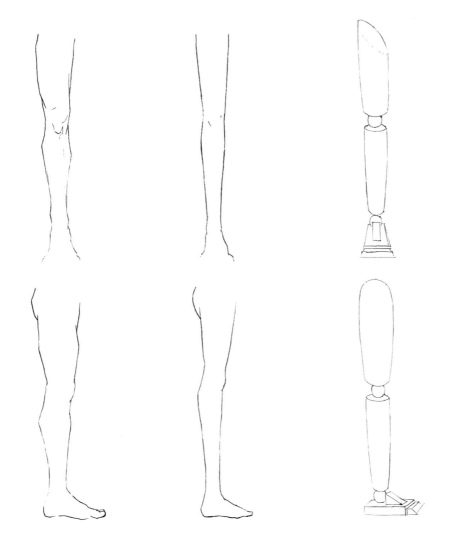

3.3 重心线

重心线的概念

人在站立状态时，有一条纵向的线穿过人体中间或中间附近，以这条线为界，人体的左右两部分呈平衡状态。我们通常把这条纵向的线称为该人体的重心线。

重心线的特点

在两腿受力均衡时，人体的重心线垂直落在人体的两脚中间，平分两脚间的连线，与人体的中位线重合。

重心线

重心线

重心线

　　在两腿受力不均衡时，人体的重心线以中位线为基础，向受力大的那条腿的方向偏移。单腿站立时（另一条腿完全不受力），人体的重心线穿过受力脚脚部。

重心线

重心线

主受力腿

3.4 人体动态

3.4.1 动态原理

　　在身体某个部位活动影响人体重心时，人体为了平衡会根据情况自动调整一些身体部位来保持重心稳定。在这样的情况下再结合对人体重心影响不大的局部动态（如手臂、颈部）就呈现出了基本的人体动态。

　　活动的动态部位越靠中，对整体动态的影响越大。最基本的动态就是通过腰的变化影响肩、髋的变化，再对四肢、头颈部进行影响。这种影响虽不能确定动态的细节走向，但决定了人体整体的动态趋势。

◎ 主要动态部位

　　人体最重要的动态部位是腰、肩、髋，因为这3个动态部位处在人体的核心部位，其中最中心的腰部是人体的动态枢纽。

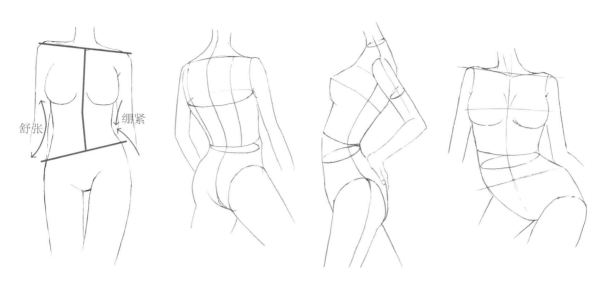

舒张　　绷紧

　　作为上下半身的桥梁，位于人体最中间部位的腰部的动态直接影响了髋部与肩部的平衡，也进一步决定了人体的重心位置及总体的动态趋势。腰部在向某个方向偏移时，为保持平衡其中一侧的髋部一定会下降，另一侧则会提起。同时髋部下降一侧的肩部会提起，肩、髋在这一侧呈相离的态势。而另一侧则相反，髋部上提，肩部下压，肩与髋在这一侧呈相合的态势。相合的一侧肌肉曲线收缩绷紧，相离的一侧肌肉曲线舒展张扬，身体两侧也由此产生了优美的对比，并形成了丰富美好的核心动态节奏。

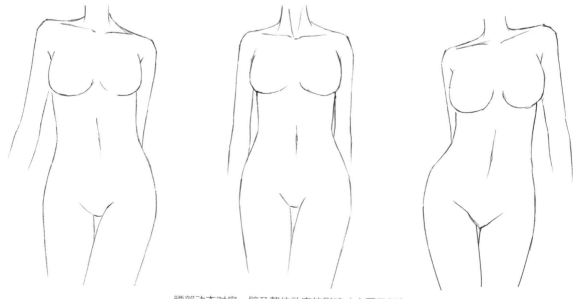

腰部动态对肩、髋及整体动态的影响（主要示例）

◎ 次要动态部位

　　人体的次要动态部位是与肩、髋连接的头颈部与四肢。

　　四肢的动态变化主要是由肩与髋决定的，其中上肢受到的影响远小于腿部，也可以理解为几乎不受影响，因为上肢重量较轻且下部分通常悬空，可以依靠着肩背这个有力的身体部分保持自由活动而几乎不影响重心。但下肢则不同，因其还起着支撑身体的作用，所以髋部对腿部动态具有决定性的作用。

　　腰部活动时，髋部随之产生动态的变化，形成一侧高一侧低的动态。以地面为支撑点的腿部（腿部末端脚部）则会对此情况产生相应的调整。低侧髋部距离地面支撑点较近，所以该侧腿部绷紧收缩；高侧髋部距离地面支撑点较远则舒张延展开来，轮廓曲线与上面的腰部曲线形态相呼应。

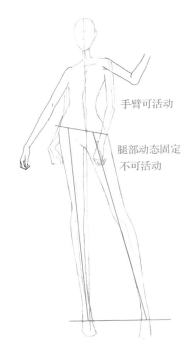

手臂可活动

腿部动态固定
不可活动

副受力腿舒展

主受力腿绷紧

◎ 动态绘制演示

01 画出纵向的重心线，并将其平均分成9段，作为参照使用。

02 画出头部轮廓及横向的肩宽并确定出臀部宽度（从上至下第4个区间为臀部位置）。

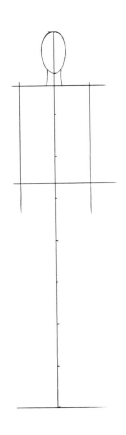

03 画出倒梯形以表示上半身轮廓，再画出肩部、手臂外轮廓、手部大致形态。然后画出正梯形表示臀部上部分轮廓，再画出腿部外轮廓，注意膝盖处的转折处理。

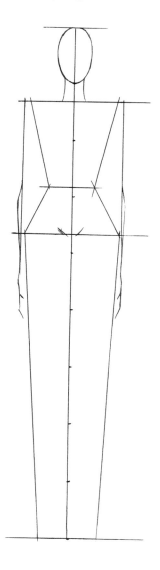

05 完善并调整人体细节。

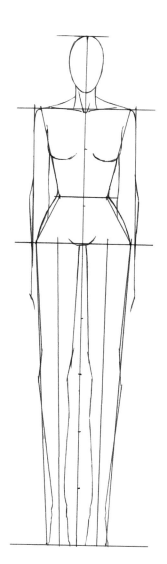

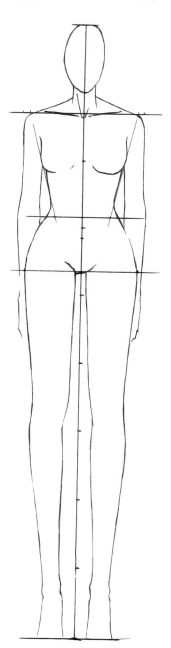

04 画出手臂、腿的内轮廓，并用流畅的线条表现出人体基本轮廓。

提示

人体各部位的动态变化皆可概括为一侧收紧，另一侧舒展。

3.4.2 常见的站立动态

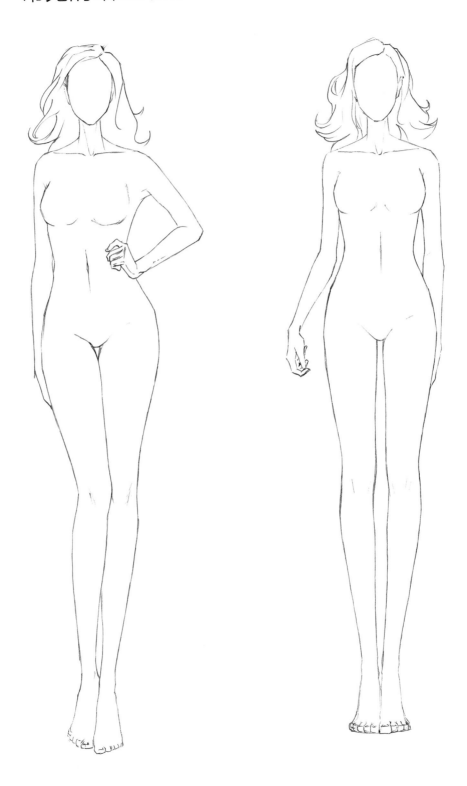

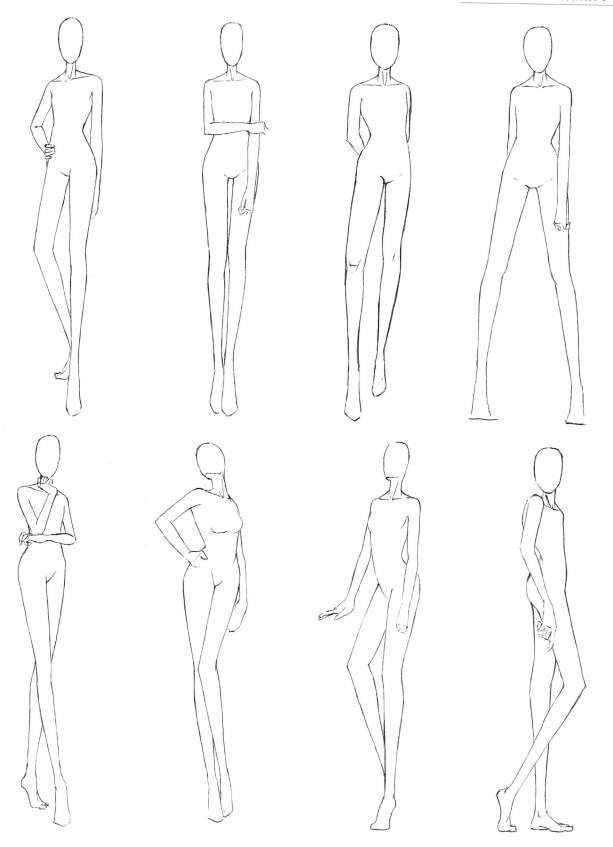

3.4.3　常见的走动动态

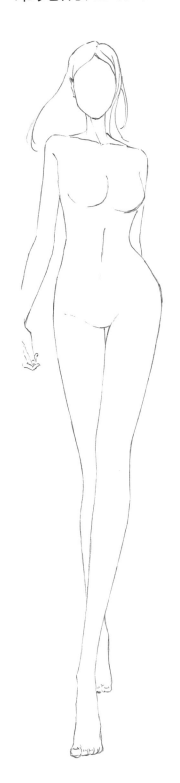

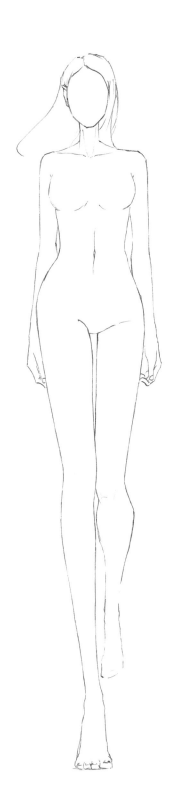

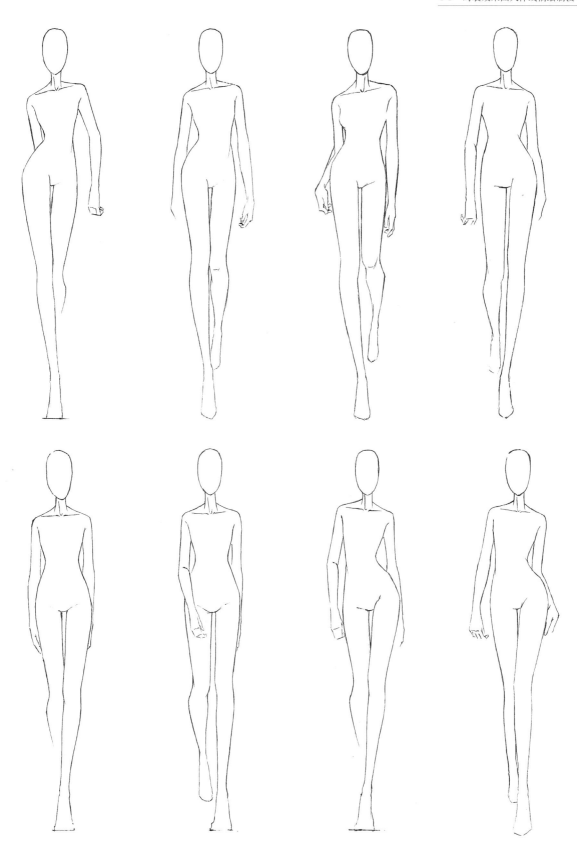

3.4.4　特殊动态和自设动态的画法

　　当我们熟练掌握人体动态、人体平衡后，就可以表现自设动态。

　　自设动态肩以下的部位（腰、髋、腿）都是有束缚的，一定要在绘制之前就计划好。除此之外的身体动态（胳膊、手、颈部、头部）都是可以在绘制过程中随意调整的，只要求连接处的结构一定要正确，在画法上是比较自由的。

　　首先认识一下人体动态的概括形态。

　　在设定动态的时候身体各部位画得越概括越好，因为这是起稿环节，越简洁越概括越利于画面、心态的调整以及对时间的节省。如图，头部就简单地概括为一个椭圆，四肢及脖子都用一条明确肢体走向的线表达即可，画面中间垂直的线是绘制动态必不可少的参考线——重心线。

　　除此之外，向上与向下的两个等腰三角形主要代表了以腰线为分界线的上下两个主躯干。上面三角形的底边即为肩线；下面三角形的底边为髋线；顶点则根据腰线来确定，腰线就是两个交点的连线。代表下躯干的等腰三角形的高要小于上面的三角形（因为上躯干要比下躯干长），又因为女性的肩与臀差不多宽，所以臀部两边角度相对较大，区分了上下躯干的同时也很好地表达了女性腰部曲线变化的特点。

腰线

　　当我们要设定的动态是一些特殊动态时，腰部会产生动态，上躯干线与下躯干线不再水平垂直，腰部附近的躯干三角形顶点向腰移动的那个方向偏移，同时肩线与腰线产生变化，分别与各自的躯干线垂直，于是人体的核心动态就形成了。

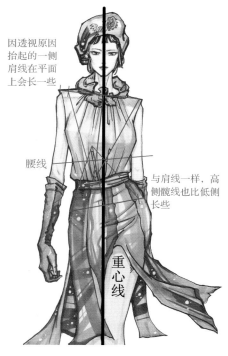

因透视原因抬起的一侧肩线在平面上会长一些

腰线

与肩线一样，高侧髋线也比低侧长些

重心线

绘制步骤

开始绘制自设动态时，要在画面中部附近先画出一条竖直的线即重心线，然后画出想要的腰部动态线。

再根据腰部动态线引申出肩线与髋线，然后根据髋线与重心线用一条线简单表现出腿部走向，注意保持重心的稳定。肩以下的部位都确定好动态后，颈部、手臂、手部动态可以随意设定。这些主结构线都确定之后，下一步在深入画面的过程中加以细节的调整就完成了。

首先画出重心线

腰部动态越大，整体动态越大

再用两条线段代表腰部动态

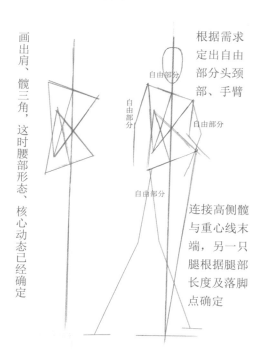

画出肩、髋三角，这时腰部形态、核心动态已经确定

根据需求定出自由部分头颈部、手臂

自由部分

自由部分

自由部分

自由部分

连接高侧髋与重心线末端，另一只腿根据腿部长度及落脚点确定

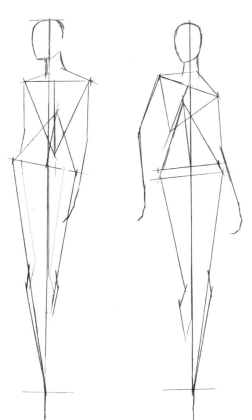

当人基本只使用下半身来保持平衡，上半身偏离重心线做特殊动态时，应先绘制出下半身以保证人体重心稳定（上半身倒三角形的中心线是两肩之间的中点与下顶点的连线），再根据下半身及人体平衡绘制出上半身的动态。

3.5   人体局部绘制技巧

3.5.1   头部及五官绘制

◎ 头部五官位置

　　脸部五官的基础规律是三庭五眼，但在时装效果图中，为了追求更高的美感，会故意把眼睛画得更长一些，再带上眼妆，所以抛去五眼的束缚，时装效果图的脸部五官绘制更重要的是三庭（发际线→眉毛→鼻底→下巴之间的三个区域高度等长），根据这个大关系再分配五官的位置、状态。

　　头部五官的绘制按照重要程度排列：眼睛＞嘴巴＞头发＞鼻子＞耳朵。
　　面部的几个重点：眼睛、眉毛、鼻孔、唇缝。

整体步骤

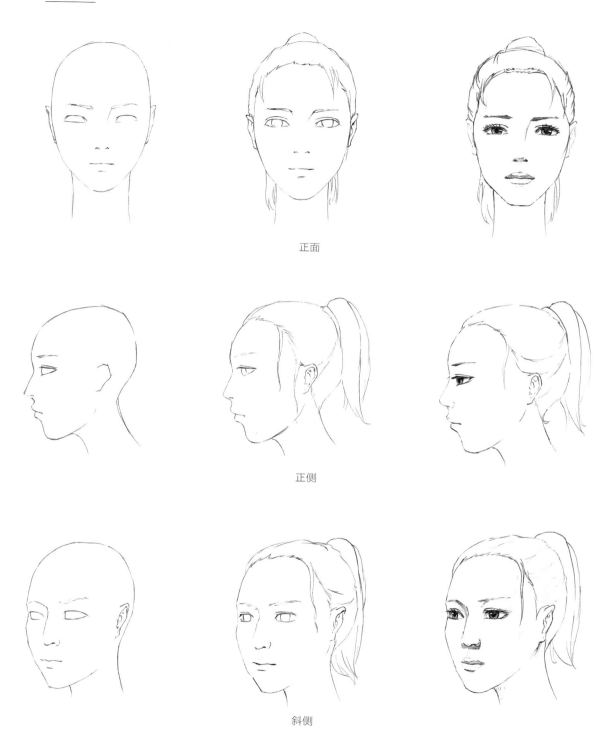

正面

正侧

斜侧

◎ 眼睛

　　女性与男性的眼睛最大的区别就是女性眼睛线条轮廓更加柔和，曲线节奏和缓；男性眼睛线条轮廓较硬且富有转折。在眉形上，女性的眉毛也是柔和优雅，多以悠然的感觉表现；男性眉毛轮廓则更加方正，并且多带有一些坡度，其中剑眉是最常见的男性眉形，它能把男性沉稳坚韧的性格充分表现出来。另外在眼部神态上，男性眼神多表现为坚毅、自信、果敢，瞳孔在眼眶中的位置较靠上；而女性眼神则多表现为纯真温柔，瞳孔位置适中，眼睛比男性稍大一些。

　　眉弓、眼眶、眼轮匝肌及眼睛附近的鼻骨是眼睛的基本组成部分。表现眼睛要特别注意其在不同角度上产生的透视变化。眼眶轮廓可以概括为一个带有弧度的平行四边形，而这个平行四边形的弧度应基于眼球的球体形状，两者是完全贴合的关系，所以应顺着眼球的弧度来绘制，并注意眼眶的虚实变化，切忌死板。

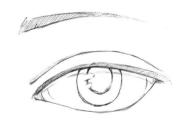

　　在塑造眼部体积时，要注意眼球附近的整体明暗关系，可以理解为是基于眼球的球形来塑造体积与光影关系。除此之外，眼窝、眼睑的形状与厚度有丰富的变化，可以根据需要的效果表达出理想的状态。还有一点就是一定要在上眼睑下面的眼球处画上阴影，这样才能表达出上眼睑的厚度、使眼睑与眼球的位置关系变得清晰。

　　当对眼部的基本形状有了基础的了解后，我们的学习目标就要转移到更高的层次——表达神态，赋予其生命力了。眼睑的开合程度、眉毛的形状起伏变化、瞳孔的位置甚至高光点的虚实变化都可以影响到眼睛表达出的神韵。

　　除了以上说到的眼睛的主要部分，眉毛也是表达人物形象的重要特征。像男性坚硬刚毅的剑眉，女性优雅的柳眉，都可以赋予人物特殊的气质。另外，眼部的妆容也可以大大提升整体效果的表达。

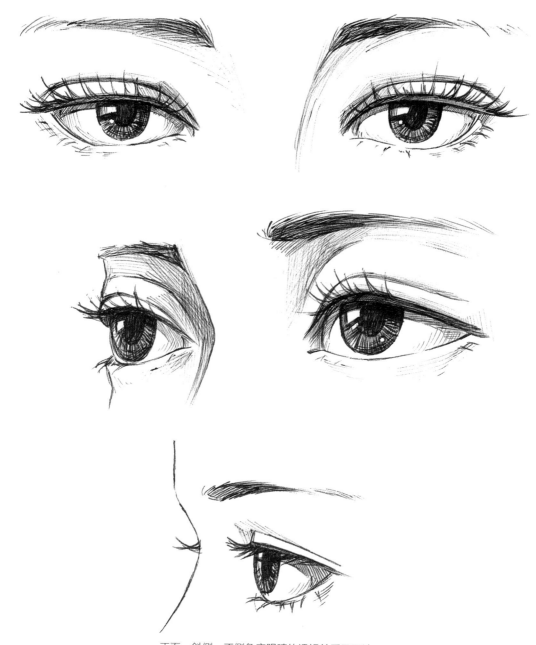

正面、斜侧、正侧角度眼睛的透视关系及画法

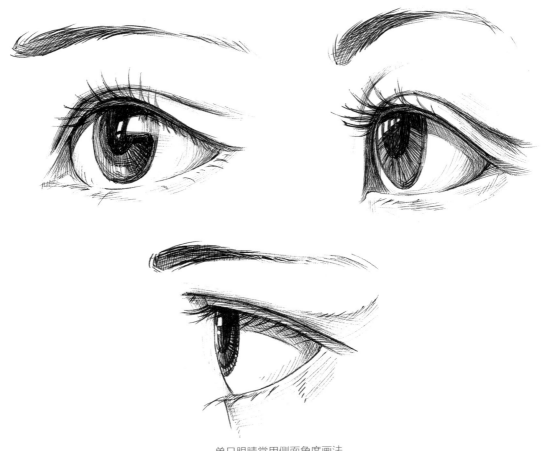

单只眼睛常用侧面角度画法

◎ 鼻子

　　鼻子的主要结构从上到下是由鼻根、鼻梁、鼻头、鼻翼组成。它的形状从正面看可以概括为一个梯形，从侧面看则像是一个三角形。

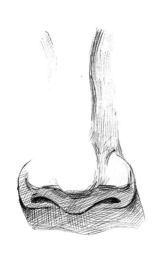

　　鼻子在时装效果图中并不是需要去重点表现的部位，可以简略绘制：正面画时只画鼻孔，然后上色时用马克笔在鼻底使用较深的肤色压出鼻底的轮廓与阴影即可；鼻翼视情况而定，鼻骨用线简单交代一下，通常与背光一边的眉毛连起来，然后也是用马克笔处理明暗。

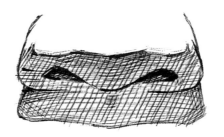

　　无论我们绘制任何角度的鼻子，都要注意一定要保证基本形与主要转折的正确处理，轮廓不要画得太软，因为鼻骨上的皮肤很薄，所以线条要尽量表现得硬朗一些。另外要注意的是画侧面时最好画出鼻翼，一来侧面可以表现的内容较少，画出鼻翼可以把视觉重心牵引到此附近；二来可以表现出鼻子的体积感，并避免了画风偏向于漫画。

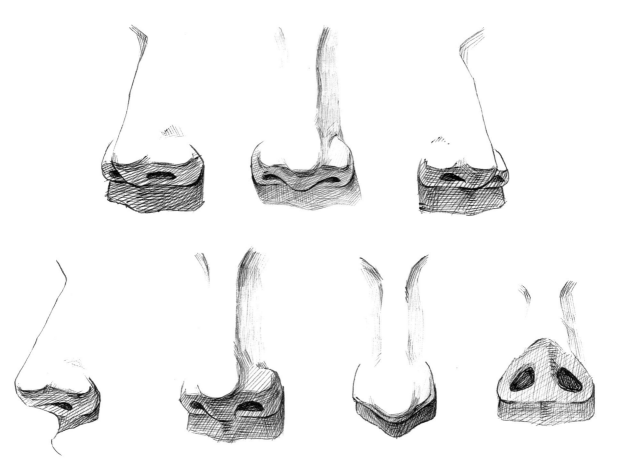

◎ 嘴巴

上下唇、唇缝、嘴角及人中是嘴部的主要结构。通常下唇要比上唇更厚、更饱满，上唇朝下，下唇朝上，所以在受光时上唇的颜色看起来要比下唇重。另外因为女性的嘴唇较丰满、光泽，所以我们通常在下唇最饱满处留下高光以表现嘴唇平滑有光泽的质感。下唇翘起的幅度较大，会在下方留下阴影。在时装效果图中，因为绘制明显的人中会使人看起来偏老，所以人中一般不进行绘制或只是淡淡地表达，除非在光影关系特别强并侧面受光时才进行详细刻画。

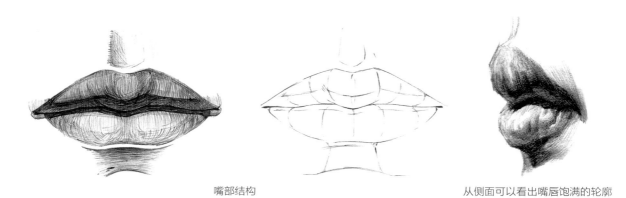

嘴部结构　　　　　　　　　　　　　　从侧面可以看出嘴唇饱满的轮廓

在时装效果图中，嘴部不需要用线条上那么多的阴影，通常都是画出基本形后直接用马克笔上光影色表现体积。右图为嘴部的概括画法。

各个角度嘴部的透视与线稿画法。

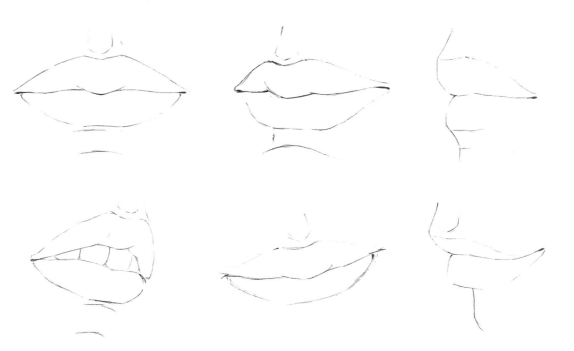

　　嘴部最传神的部分是唇缝到嘴角的连线，绘制时一定要注意这条线的虚实关系。这个线条上最实的地方就是两边的嘴角与唇珠两边的唇谷，其他部分也分别有细微的变化。另外要特别注意嘴角的处理，因为嘴角是嘴部最能反映人的精神状态的特征。嘴角的翘起与低垂直接就能反映出人的心理状态，可以根据需求来决定并绘制出想要表达的效果。

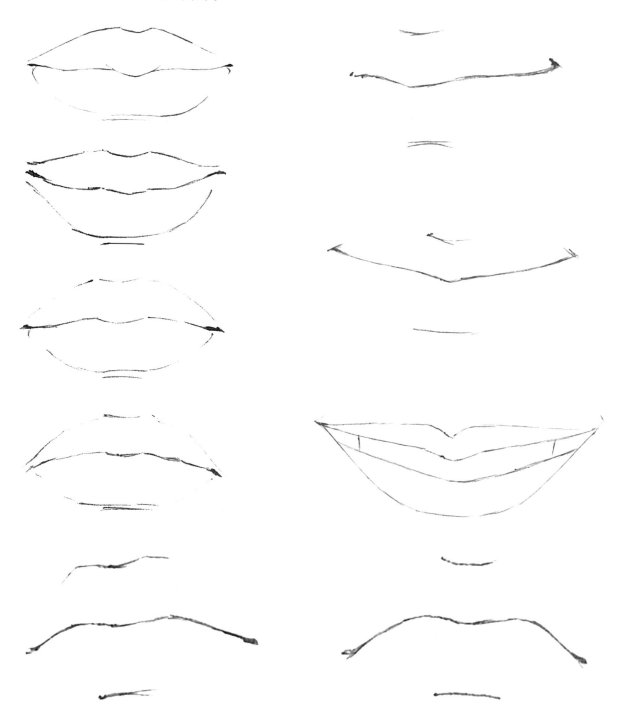

◎ 耳朵

　　耳部结构虽然有些复杂，但它不像其他五官一样富有变化性，也没有什么特别的绘制技巧，记住几个方位的耳朵画法即可。

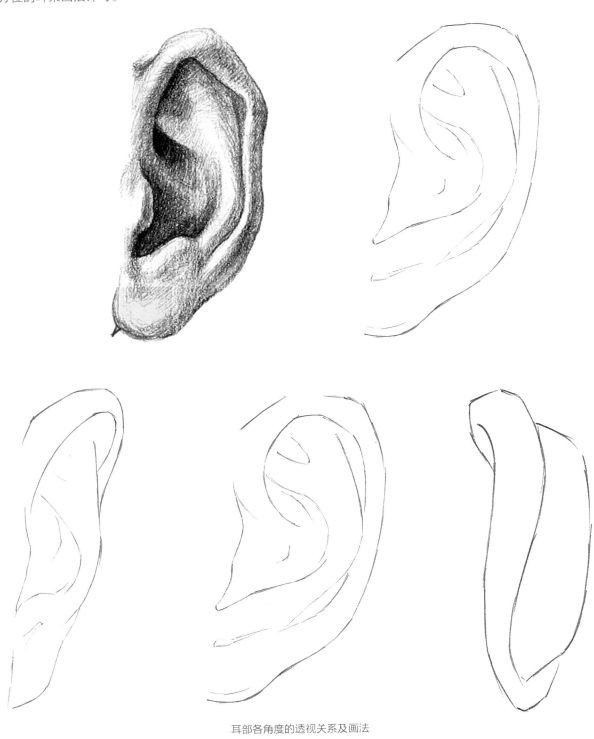

耳部各角度的透视关系及画法

　　耳朵并不能明显地表达人的个性特征与神态，有时还会被帽子或头发直接盖住，所以只要求具有基本的形态即可，在时装效果图中的重要性并不高。但是其与头部之间大小、位置的关系是十分重要的。

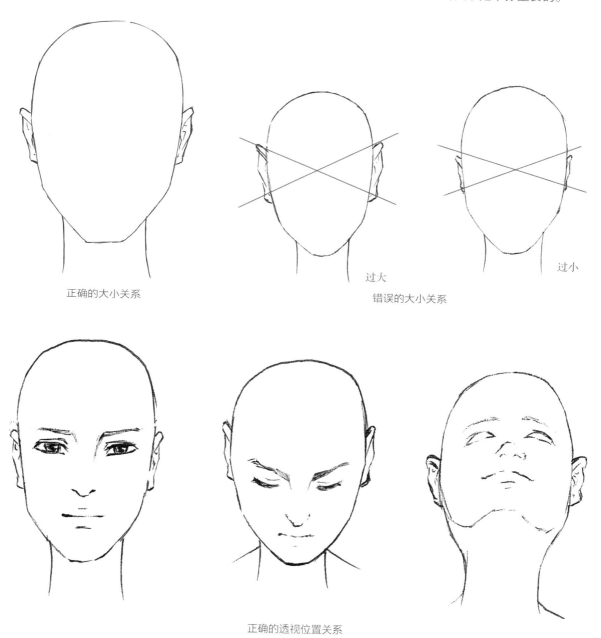

正确的大小关系

过大

过小

错误的大小关系

正确的透视位置关系

◎ 头发

　　头发虽不属于五官，也对模特的情绪表达不能产生直接影响，但其有非常强大的可塑性，可以产生多样的形态、丰富的颜色，对人物气质的表达十分有效，可以称之为"天生的服装"。发型主要有长短曲直这几种形态。

长直发　　　　　　　　　　短直发　　　　　　　　　　稍卷的直发

长卷发　　　　　　　　　　　　　　　短卷发

含有发辫的发型

　　头发的绘制没有五官的绘制那么标准，这是因为其质地松软且数量庞大、千丝万缕，所以我们在绘制时一定要抓住发型的特点，用概括的手法来绘制。其中最常用的概括方法就是分组法，不同的分组关系决定了发型的结构及形态。

　　使用分组法除了能丰富发型的观赏性，更重要的是可以使我们对发型的结构有更加清晰的了解，这对上色有很大的帮助。

　　使用分组法绘制发型时一定要注意节奏，切忌平均。在进行分组时要注意每组之间的关系，主要关系为：分离、交叉、并拢、叠加。头发的形态是很自由的，要注意各组之间的各种关系，不要安排得太死板。

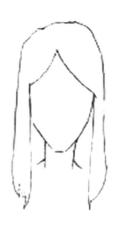  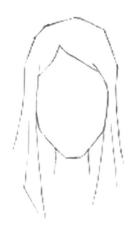 

处理分组关系时最重要的就是对头发轮廓边缘或末端的处理，通过调整大小、粗细及穿插的位置可以表现出任何头发的整体效果。要注意的是，在进行正式绘制时，头发的形状不会全都根据线稿来绘制。给头发上色时，马克笔的破形很重要，所以头发分组法主要是为了引导绘制思维，表达头发的走向，并不限制上色后的最终形态。

　　另外，为了表现头发或柔软蓬松、或繁密偏硬的各种效果，我们要根据不同情况表现不同的虚实疏密程度。注意笔法一定要飘逸，切忌死板，这样才可以表达出头发的特点。

绘制步骤

① 根据头部画出头发的轮廓；

② 进行分组并处理好组与组之间的关系，确定基本形态；

③ 完善细节。

 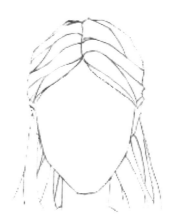 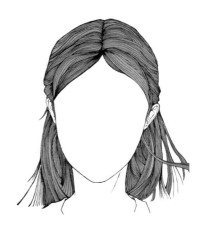

3.5.2　人体四肢绘制

◎ 手部

　　手部拥有人体中最复杂精细的骨骼结构，所以它可做出的变化、动态也非常多，且十分难以把握，绘制形态时稍有不准就会显得十分别扭。但是当我们熟练掌握画法并运用自如后，手部就不再是我们的阻碍，反而会变成我们表达人物神态及气质的重要工具。

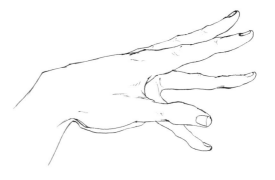

绘制步骤

① 根据体块勾勒出手部大致的轮廓；

② 确定基本形态；

③ 完善细节。

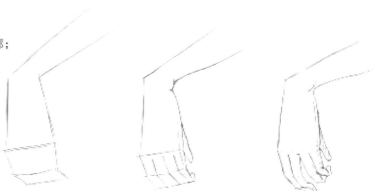

常用的手部动态

手部的形态对人物的神态及情绪有着强大的传达能力，因此手部绘制技巧是每个服装效果图手绘者都需要掌握的。

男性的手比较宽大方正，富有力量感；女性的手小巧柔和，手指纤细优美。

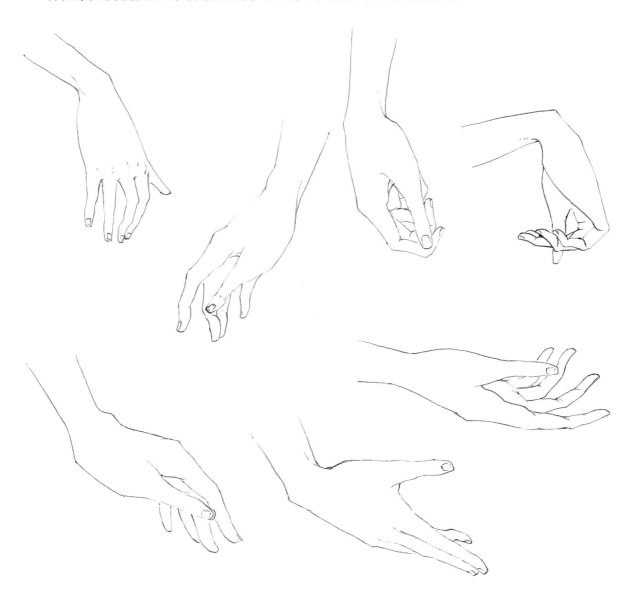

◎ 手臂

手臂由肩部、上臂、肘部和下臂组成，上臂与下臂的长度通常是相同的。在处理肩部、肘部时要注意结构的表达，尽量画得有棱角、有骨感一些。手臂较长的轮廓线在绘制时要流畅，并具有一定的弧度，心里要想着其内部的肌肉结构。

绘制步骤

① 根据体块勾勒出手臂的大致轮廓；

② 确定基本形态；

③ 完善细节。

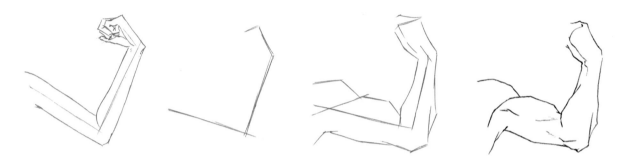

常用手臂画法

　　绘制男性手臂时要注意把肌肉的结构画得明显一些（也不要太过），在轮廓上对三角肌、二头肌、三头肌都要进行一定的表现；小臂要画得坚硬一些，甚至可以用概括的多段直线来代替曲线。

　　绘制女性的手臂时注意一定要简约，因为女性的特点便是纤细柔弱，所以不要去绘制明显的肌肉。女性肩部的轮廓绘制时相比男性要圆润，然后用带着微微弧度的长线来区分上臂与下臂。另外要注意的一点是，因为女性基本上没有太明显的肌肉，因此肌肉结构较多的下臂上端（肘部下方）会比上臂略粗一些。

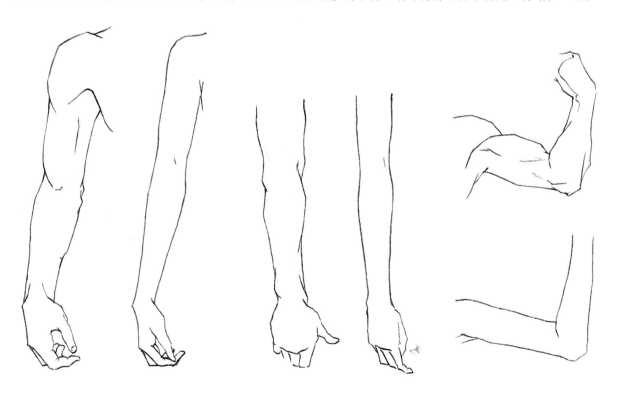

◎ 脚部

在时装画的人体绘制中，脚部的重要程度是仅次于脸部与手部的。虽然脚部往往由鞋子覆盖，直接展现的情况并不多，但是要想表现好穿着鞋子的脚部，也必须对脚部的基本形态有一定的了解。

绘制步骤

① 根据体块勾勒出脚部的大致轮廓；

② 确定基本形态；

③ 完善细节。

脚部虽然没有什么特别好的概括形状的绘制方法，但是其形状、动态基本不会变，只要记住主要动态图就足够了。

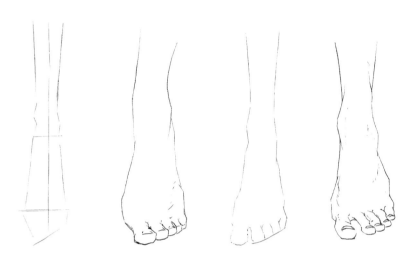

几种常见的脚部动态画法

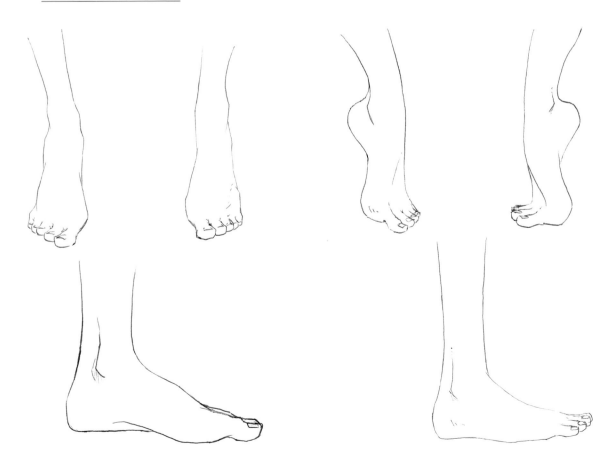

◎ 腿部

腿部的表现在时装效果图中有着非常重要的作用。它的结构与动态变化、细节虽然不多，但其基本形态是人体最优美的部分之一。在时装效果图中，修长的腿部占了一半以上的人体比例，其简约优美、富有变化的曲线轮廓能直接表现出人体的独特美感，并展现出绘画者的功力。在时装效果图中，我们通常会主观地增加腿身比例，以使模特显得更加高挑。

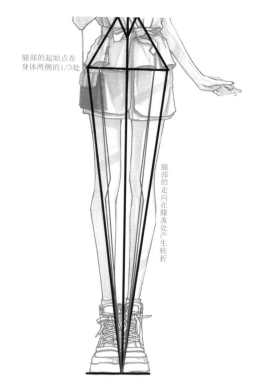

腿部的起始点在身体两侧的1/3处

腿部的走向在膝盖处产生转折

右图为腿部独特的形态，由于女性的臀部较宽，所以当女性正面站立时，双腿会有一种向下并拢的趋势，整体呈倒三角状。膝盖也不是正常的以直线连接小腿与大腿，再加上小腿外侧呈凸起状的肌肉位置偏上，轮廓的弧度较陡，而肌肉体积较小，内侧肌肉位置偏下，弧度较缓但肌肉体积较大，所以小腿在膝盖处有稍稍偏外的视觉感，这也是腿部特殊美感的精髓。在绘制腿部时一定不要脱离这样的基本形态。

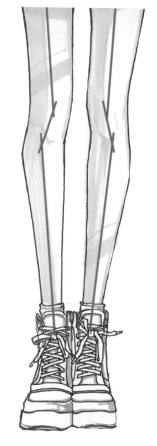

绘制步骤

① 画出腿部的整体走势（长度为腿长）；

② 画出特殊的转折线段，线段两端与走势线两端连接；

③ 把闪电状的线段组合分别向左右平移作为提示线，整体宽度为大腿的宽度；

④ 根据提示线绘制出腿部的曲线；

⑤ 调整转折处，完善细节。

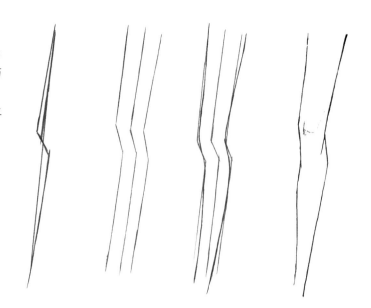

常用腿部画法

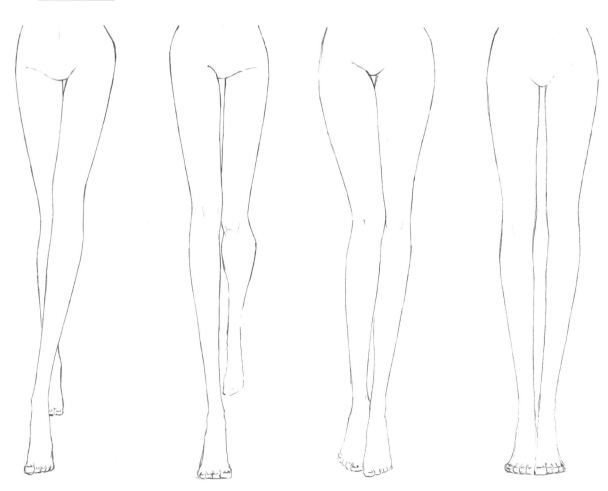

04

时装效果图

款式线稿
绘制表现

4.1 人体着装的相关绘制技法

4.1.1 基本着装

　　"人体着装"很容易理解，即把衣服穿在人的身上。在绘制中也很容易表现，首先需要注意服装的厚度，应保证在完美、无褶皱的情况下把它加在相应的人体部位外。

　　其次就是因为服装自身有一定的重量，加上地心引力的作用，因此不受支撑的服装下部分呈自然垂直状态，即上部与人体贴合，下部呈自由形态。在绘制效果图时为了增强表现力，常赋予这些自由形态部分的服装不同的形态，或飘舞或缠绕，使其产生更加独特的美感。

　　最后就是褶皱的情况。因为人体需要活动，而服装的面料无法像皮肤那样自由伸展、不出现大的变形，这就产生了褶皱。褶皱有大有小，因为面料变形，有的紧贴人体，有的则呈现与人体相离的趋势。与人体的距离各不相同，不同材质、厚薄的面料也会产生不同的褶皱效果，这些都是表现服装面料的重要环节。

4.1.2　褶皱

　　褶皱的主要形态分为5类：指向型、环绕型、自由型、收束型和堆积型。其中，指向型褶皱通常只与人体有关；环绕型与人体的活动关系较大；自由型、收束型、堆积型与服装的关系较大。

指向型　　　　　　环绕型　　　　　　自由型　　　　　　收束型　　　　　　堆积型

　　除以上主要5类褶皱以外，人体的某些关节部位在活动时会产生另一种褶皱——转折型褶皱，表现为一侧紧绷舒展，另一侧向内挤压堆积的形态。

　　褶皱一般互相联系，并不是独立的。例如夹紧的肘部处的褶皱，即是由环绕型褶皱向挤压点堆积而成。

　　下图按由左至右、由上至下的顺序依次展现了自由型、左指向型右自由型、环绕型结合堆积型、两侧指向型内侧堆积/转折型褶皱。

转折型

■	指向型
□	自由型
■	环绕型
■	堆积型
■	收束型

◎ 指向型

指向型褶皱出现在人体的支撑点附近，方向由四周指向支撑点，多出现在肩部、胸部、肘部与膝盖处。

◎ 环绕型

环绕型褶皱是由于人体活动后服装与人体不正常贴合而产生的，褶皱方向不规则地环绕着人体，多出现在形体圆润的手臂、腿部、腰部与颈部。

◎ 自由型

自由型褶皱通常出现在与人体贴合不紧密的地方，褶皱方向自由而多样，但整体走势还是与人体、布料自身的下垂形态有一定的关系，褶皱的支撑点可能在较远处。裙类服装的下摆、宽大的蓬蓬袖等宽松处会出现较多的自由型褶皱。

◎ 收束型

收束型褶皱只与服装有关系。这样的褶皱多出现在腰带下方、袖口上方、裙子的腰部，是由于一侧布料伸展、一侧布料收紧并束起而产生的。在某些特殊材质的服装上也会出现，如缝合线布满表面的羽绒服。

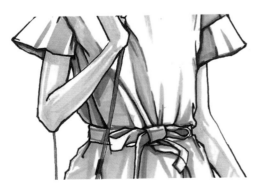

◎ 堆积型

　　堆积型褶皱多出现在服装四肢部分的末端，是由于服装的布料过长，但下方有手部或脚部支撑住，所以向下堆积起来。故意挽起的袖子、裤子由于相同长度的布料更多，会出现更多且深的堆积型褶皱。

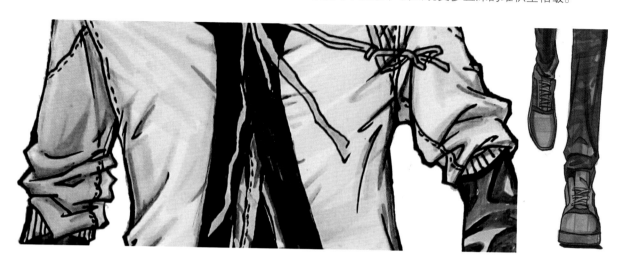

◎ 转折型

　　转折型褶皱主要是指由于人体关节处活动，外侧布料拉伸而内侧布料产生褶皱，所堆积产生的极具对比性的褶皱形态。在这里，人体外侧与布料紧贴的轮廓线上的随意某点都可以视作支撑点，其与内侧转折处相连，则会形成发散型褶皱。转折型褶皱主要出现在弯折起的肘部与膝盖处。还有一个特殊情况，即用偏硬布料制作的紧身服装，穿着后在大腿根部处产生的褶皱，如牛仔裤上大腿根部附近的褶皱。

4.1.3　着装绘制示范

　　先把以人体为支撑的服装的上部分画出来。在不产生褶皱的情况下，这些部分一般都是贴合人体的。

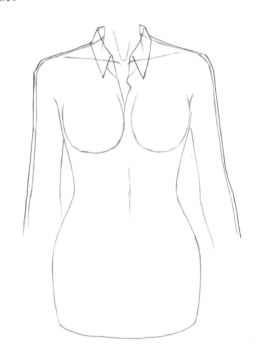

　　确定服装的上部分后，接下来把整个服装款式的轮廓画出来。服装在重力的作用下，不受支撑的服装部分会处于下垂的状态。以服装的上部分为始点，根据款式的长度画出下部分服装的款式轮廓。

　　轮廓画好后，再把褶皱画出来就完成了。褶皱的画法参考服装的上部分，结合服装面料画出即可。绘制褶皱时注意控制节奏，不要画得零零碎碎、到处都是，最好将其分成几组，再分别分配到会产生褶皱的各个主要位置。

4.2 衬衣

4.2.1 衬衣的绘制技巧

◎ 衬衣的特点

　　衬衣的特点是面料材质普遍较薄较硬，结构清晰、标准，形成的轮廓、褶皱分明，多处会出现可以看到的缝合线，着装效果合身。在手臂、腰部活动时，因布料的延展性不足，衬衣的袖口及下摆会分别向肘部、腰部回收，并在肘部内侧、腰部前侧产生大量发散式的褶皱；另一侧的布料则紧贴人体，光滑且紧绷，基本上不会出现褶皱。衬衫所有的褶皱基本上都会指向人体的支撑点。

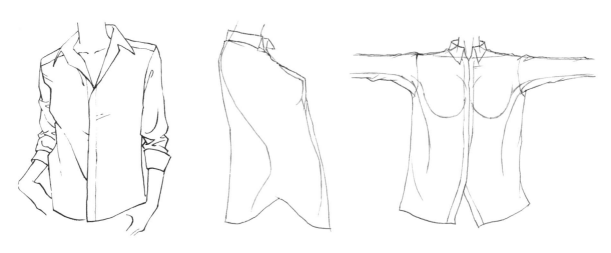

　　布料材质较薄较硬的衬衣容易产生丰富的褶皱，线条较硬。较宽松或较软材质的衬衣则没有太多的褶皱，线条软。在用线稿表现材质时要记住这两点。

　　除了标准的衬衣外，也有很多衬衣没有采用标准的形式，但是万变不离其宗，只要掌握好绘制的要点，任何问题都会迎刃而解。

◎ 衬衣的衣身

　　衬衣的下摆有特殊的轮廓，在绘制下摆轮廓的弧线时一定要流畅，尽量不要断笔，要一次画完。如果没有把握，可以先用铅笔打稿，再以稍慢的笔速（也要有一定的速度来保证弧线的平滑）画完，然后擦去铅笔的线条即可。

衬衣除了其下摆特有的形状，另一个有特点的地方即是袖口的结构。通常衬衫的袖口是由一块结实方正的长方形布片环绕一圈，与上方的袖子主体缝合，所以袖口的收口布片一般不会产生褶皱。通常其围度都比袖子的围度小，所以有些款式也会在袖口产生收束型的褶皱。

另外，因为衬衫的布料通常较硬且没有弹性，所以衬衣的袖口下方一般会开有一个利于穿袖的开口，在袖口的最后有纽扣。开口的形状很有特点，是一块"火箭筒"状的布料，与袖口的收口布片类似，该布片也较厚且质地结实，绘制时要注意其结构。

◎ 衬衣的衣领

衬衣的衣领主要分为标准领、温莎领、方领、圆角领等，此外还有立领等其他类型。

标准领　　　　　　温莎领　　　　　　方领　　　　　　圆角领

衬衣衣领的结构十分明确，所以在绘制时一定要注意表现出精致、结实的特点，尽量画出棱角感。

4.2.2　衬衣绘制范例

为了表达宽松衬衣的松垮感，除了要把无支撑点的自由轮廓（肩部以外）夸张放大以外，还要用大而富有体积感的自由型褶皱来表现出宽松的效果。

紧身款衬衣上的褶皱虽然细碎，但是每个褶皱都有其方向指向，以及或远或近的支撑点，绘制时切忌排列单一死板。合理设计褶皱的规律，控制好节奏，才能使其看起来自然。

4.3 外套

4.3.1 外套的绘制技巧

　　外套的涵盖面特别广，泛指穿在人体最外面的服装，无关材质、大小等其他因素。无论是过膝的长袍、不过腰的短夹克、厚重的狐皮衣、镂空的针织衫，还是冬天的羽绒服、夏天的短衬衣，都可称为"外套"。虽然衬衣、卫衣等单穿在最外面都可以作为外套，但我们通常说的外套都是稍大稍厚的开衫，身体前侧通常有纽扣或拉链，以便穿着。较厚的外套通常会出现较多的褶皱，且褶皱的走向有半数与结构有关，不像衬衣那样基本上所有褶皱都指向支撑点。

4.3.2 外套绘制范例

　　带有粗毛翻领（或其他此材质的服装）的外套，在绘制毛料布料时，要特别注意不要画跑型。可以先用铅笔画一个大致的轮廓，然后用勾线笔（最好是小篆）根据草图的轮廓对其进行细致的刻画。画出其蓬松质感的诀窍在于巧妙安排轮廓上细小的毛边，可以先画几个向里收的，再画一个向外扩的，然后画一个收的，再画两个向外扩的，结合大小的变化，合理设计节奏变化，即可使其看起来柔软而自然。

　　表现硬毛呢面料的关键在于少画褶皱，绘制方法是抓住其不易变形的特点；但在表现较厚较宽松的软毛呢面料时，则会不可避免地出现一些褶皱，此时的处理方式则是把褶皱画得厚一些，再表现因其面料厚所以不断向上堆积的形态，就可以很好地表现出其厚重的特点。

 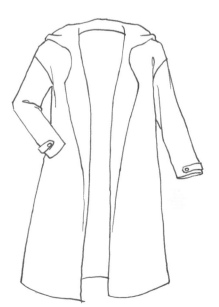

　　牛仔外套布料硬，但因为厚的原因，不易翻折，从而产生较硬的褶皱；多出现较软较碎的褶皱，同时多伴有订缝线，整体轮廓较硬。

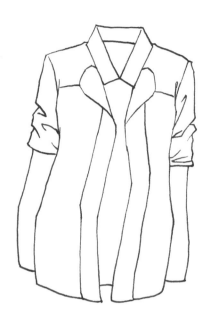

　　皮质面料服装的褶皱很有特点——较软，且少有明显的褶皱。对这种褶皱通常不用线稿来表现，在画出主要转折处较明显的褶皱后，其他地方留白，在之后上色的环节中用柔和多变的颜色变化来表现即可。

　　毛衣外套等针织类服装，在绘制时可以轻轻画出编织的纹路，更利于材质的表达。

4.4 T恤

4.4.1 T恤的绘制技巧

　　T恤是夏天最常见的服装款式。它通常结构简单，面料较软较薄，十分适合在炎热的夏季穿着。它表面的褶皱也较少，通常都是出现在宽松的下摆处以及袖子与衣身转折处的自由型褶皱。如果T恤的布料较硬，那么肩部或胸部的支撑点附近也会出现一些指向型褶皱。另外，因为受力及面料的缘故，在形态上短袖的下摆通常会向外偏。

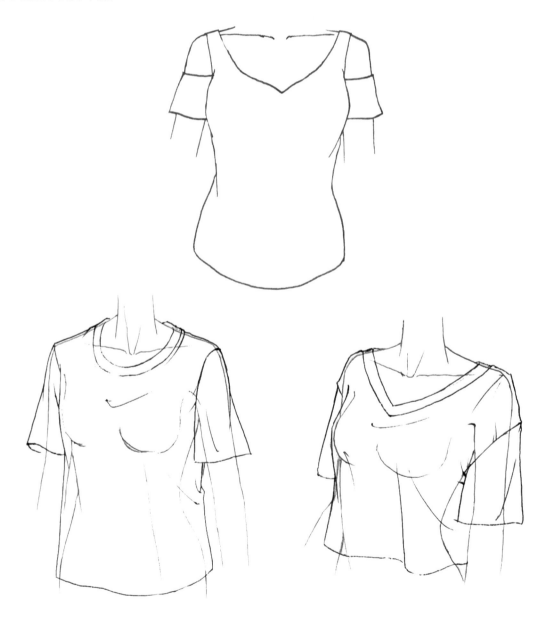

4.4.2   T恤绘制范例

4.5　卫衣

4.5.1　卫衣的绘制技巧

卫衣有一定的厚度，一般较合身或较宽松，布料偏软，所以其褶皱较少、较软。其轮廓自由感强，通常会掩盖人体腰部的美感。

4.5.2 卫衣绘制范例

　　绘制卫衣时通常会把其腰部与袖口的收口排线表达出来，一是可以表现其富有伸展性的布料，二是正好造成节奏上的变化，使画面的表达更丰富。

　　袖子挽起的形态中会出现大量的堆积型褶皱，层层叠起，绘制时要注意褶皱的穿插关系，要富于变化，不要出现雷同的情况。出现大量褶皱的地方是表达质感的重点部分，其厚度、软硬度都很重要，一定要根据面料的特点精细绘制。

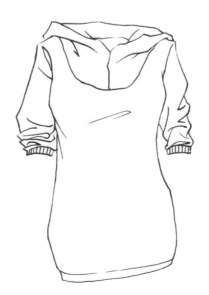

4.6 裙子

4.6.1 裙子的绘制技巧

各式各样的材质、长短、褶量、分割及特殊结构的结合，构成了丰富多样的裙类。在服装种类中，裙子是最自由的一种服装，它基本不受任何条件的约束——不需合身，不需考虑材质，除了腰部的穿戴外没有十分必要的结构，还可以与上衣结合成为连衣裙。因其丰富性、自由性，裙类线稿的绘制也各有不同。在裙类服装线稿的绘制中，褶皱的表现更是有着决定性的作用。我们要本着具体情况具体分析的原则，抓住并表现出其轮廓、材质的特点，绘制出对应的款式及褶皱形态。

束腰百褶裙的整体形态特点很简单——腰部收束，褶皱向下呈放射状分布。若裙子较长，裙子的上半部分会展现出人体腰部与臀部的优美曲线，在臀围线以下则自然呈下垂状态或微微向外扩开。

对于有褶的裙类，绘制的窍门在于把这些褶皱都看成一个个或大或小的三角形，然后把一些三角形改成暗三角形，即保证其形态的基础为三角形，但改变三角形两侧的褶皱线，以上方为起始点的褶皱向下消失，以下方为起始点的褶皱向上消失，偶尔再在方向上画出一些弧度来打破规律。合理控制，采用以上技巧做出形态的节奏变化，即可画出自然并富有美感的有褶裙类。

　　遇到较薄、富有变化的材质的裙类时，要根据其薄、易变形的特点，改基础裙褶线条为较硬且碎的线条，即可表达出其质感。

4.6.2 裙子绘制范例

　　遇到褶皱十分多的款式的裙子而不知从何处下手时，可以先用铅笔画出下摆的形状，再根据下摆的转折向上方束腰处延伸过去。

4.7 裤子

4.7.1 裤子的绘制技巧

裤子都有着明确的结构，绘制时较为简单。褶皱的集中点：大腿根部多出现放射状的指向型褶皱；膝盖处多出现缠绕型褶皱；如果裤腿较肥，脚踝处会出现堆积型褶皱；还会有一条褶皱线指向膝盖。

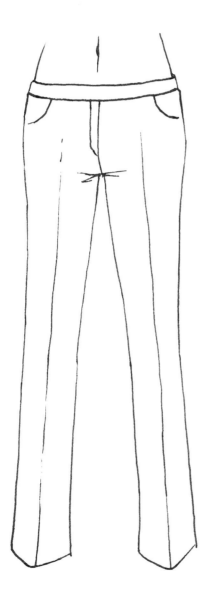
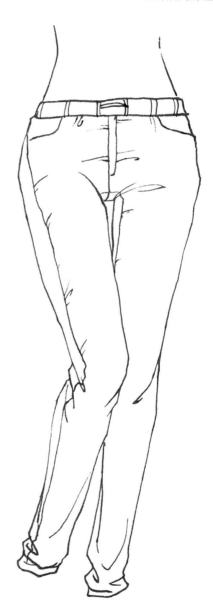

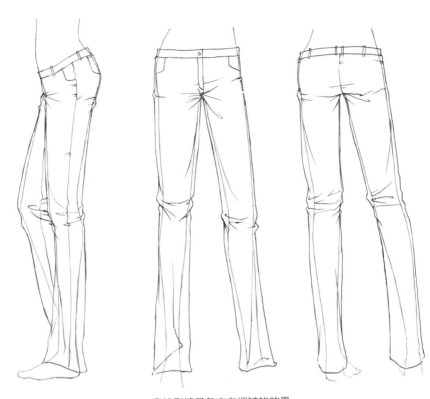

宽松型裤子各方向褶皱的效果

紧身型裤子各方向褶皱的效果

4.7.2 裤子绘制范例

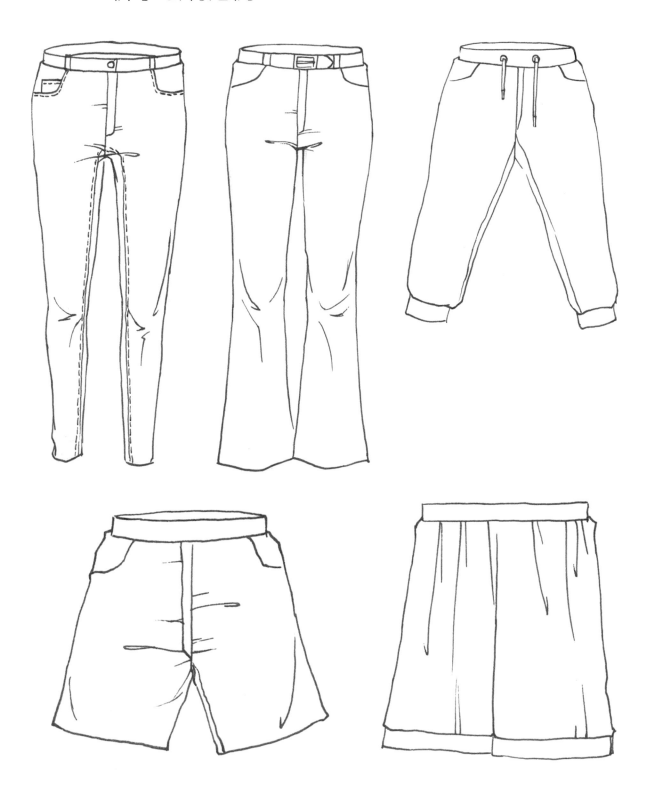

提示

　　专门的服装款式图的绘制与服装效果图中的服装款式绘制基本相同，但也有一定的区别。服装款式图中，服装的形状是固定的，表现的是服装完美无变形时对应人体无特殊动作时的状态，褶皱也相对较少，绘制目的是准确表达服装的结构、款式。

05

时装效果图
线稿表现

5.1 春季时装效果图线稿表现

　　春季是"乱穿衣"的时节，但因为刚经过寒冷的冬天，又受"春捂秋冻"的理念影响，春季的时装往往会带有一些冬季时装的特点：注重保暖性，多为柔软舒适的针织面料。春季常见的着装有羽绒夹克、薄呢子外套、西装、各种材质的夹克衫和衬衫，以及毛衣、卫衣、牛仔裤和一些较厚的搭配裙类（如牛仔裙、皮裙）等。

　　总体来说服装的厚薄适中，长度比冬装短一些，面料柔软。在绘制时要把握好服装主轮廓（基本贴身的服装部分）与人体适中的距离；同时春季服装褶皱数量较多，线条较柔软，但特殊的面料要根据其质感特点做出准确的褶皱表现。

5.1.1　棒球服混搭线稿表现

01 画出重心线，并确定人体高度。

02 根据人体高度及9头身的比例关系，绘制出头部大致轮廓，并画出肩、髋动态线。

03 根据肩、髋动态，以及前面所学人体的知识，绘制出腰部附近动态指示线，并推算出人体下半身的动态，再自由确定上肢动态。

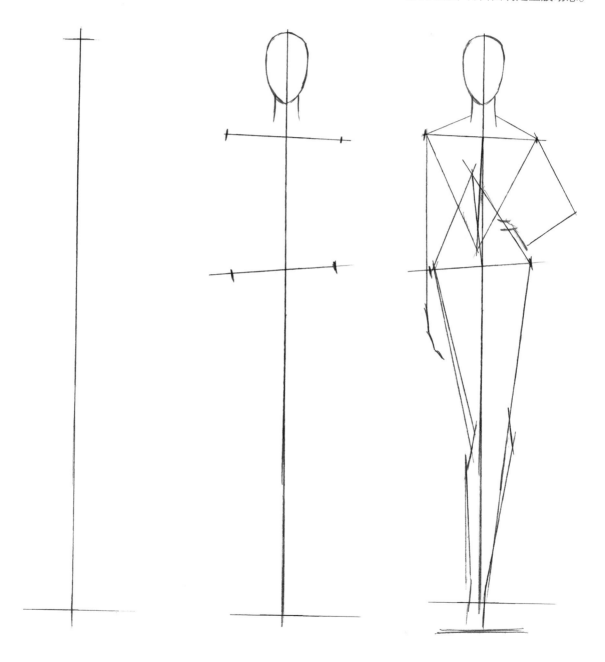

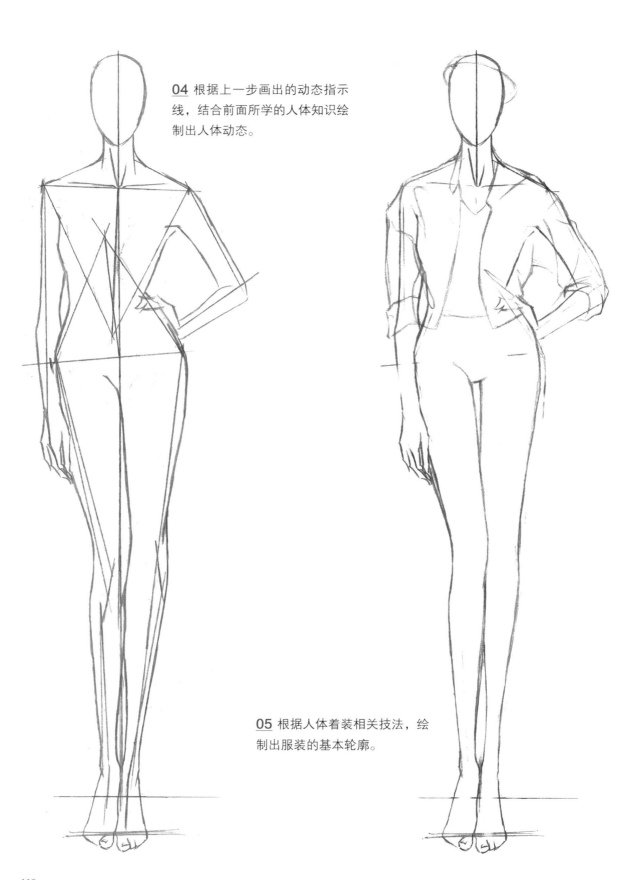

04 根据上一步画出的动态指示
线，结合前面所学的人体知识绘
制出人体动态。

05 根据人体着装相关技法，绘
制出服装的基本轮廓。

06 绘制出服装的褶皱及
脸部五官大致位置。

07 参照上一步的草图，用
圆珠笔绘制出线稿。最后
擦去铅笔痕迹即可。

5.1.2 春季硬质服装线稿表现

01 画出重心线、头部轮廓、肩部动态走向。

02 根据肩部走向推算出臀部动态走向。

03 画出整体的大致动态走向。

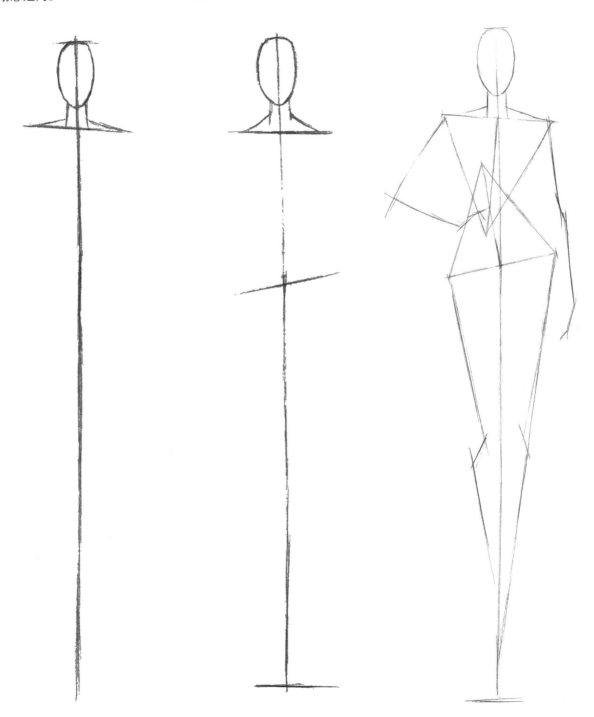

04 根据动态画出基本的人体轮廓。注意叉腰的右手与作为支撑的臀部之间的贴合感觉，不要画"飘"了。

06 以草稿为参照，画出线稿。绘制时注意对草稿进行优化处理。

05 画出服装轮廓，然后完善脸部五官及手部轮廓和细节部分。

5.1.3 风衣外套线稿表现

01 用概括的长线条绘制出人体大致动态。

02 以上一步为参照，用流畅的线条绘制出人体大轮廓。

03 以人体轮廓为基础，绘制出服装的轮廓。注意服装与人的关系。

04 绘制出脸部轮廓及五官的大致位置和形态。

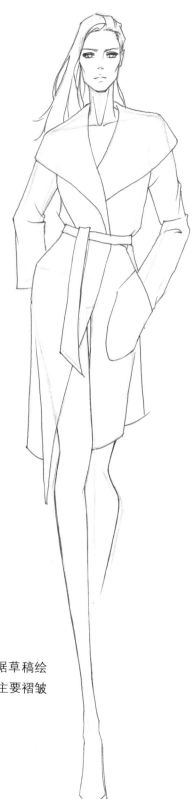

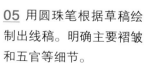

05 用圆珠笔根据草稿绘制出线稿。明确主要褶皱和五官等细节。

5.1.4 春季休闲外套线稿表现

01 有了一定基础后，可以直接画出着衣人体草稿，但在绘制时心里要有人体大致轮廓。

02 根据草稿画出线稿。可以用线条表现条纹类纹饰以方便上色。

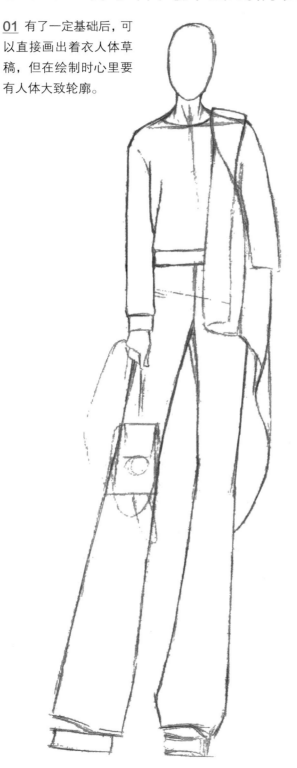

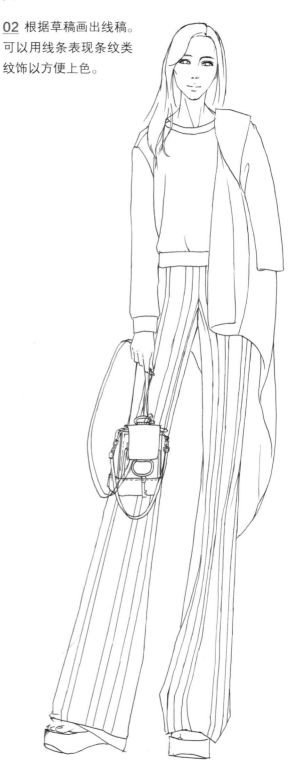

5.2　夏季时装效果图线稿表现

　　夏季时装特点鲜明，因为炎热的天气，服装普遍根据需求设计成短、轻、薄的形态，面料要求有较好的透气性。夏季男性服装款式较少，普遍为短衣短裤，如T恤或薄短款的卫衣、衬衫、牛仔裤、运动裤和休闲裤等；而女性着装除了以上普遍款式之外，还有更突显夏季及女性特点的裙类服装，如款式、材质各式各样的短裙、长裙、连衣裙。

　　总的来说因人们的需求，夏季服装更多地注重舒适凉爽，整体偏运动型，款式较简单，但可以更多地表现人体的美感。在绘制夏季时装效果图时，最好先画出基本人体，服装轮廓尽量贴着基本人体。同时为了表现轻薄的质感可以主观加一些下摆飘起的形态。因为夏季服装款式普遍较宽松，所以褶皱很少（除了一些紧身衬衫褶皱会非常多），褶皱线条较柔软。

5.2.1 休闲宽松 T 恤混搭线稿表现

01 绘制出重心线，确定人体高度。

02 根据9头身（自定）确定头部长度，画出大致形状，并绘制出肩、髋动态线。

03 根据肩、髋动态线绘制出全部的人体动态指示线。

04 根据人体动态指示线
绘制出人体。

05 根据人体绘制出服装
轮廓，并画出主要褶皱。

06 绘制出脸部五官大致位置、形状，完成草稿绘制。

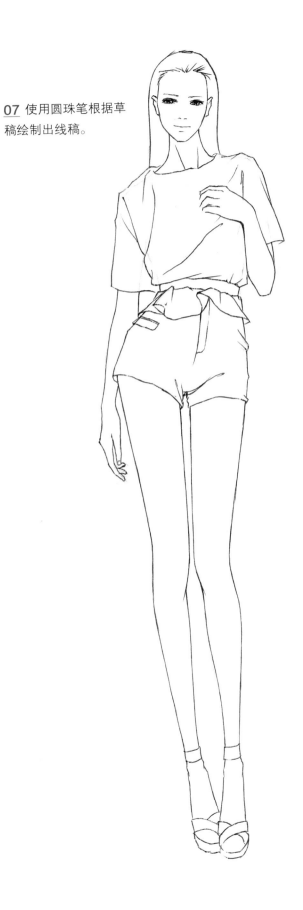

07 使用圆珠笔根据草稿绘制出线稿。

5.2.2 夏季大廓形连衣裙线稿表现

01 绘制出重心线并确定人体高度（随意大小）。

02 确定头部大小，并画出肩、髋动态线。

03 根据肩、髋动态线画出全身动态指示线。

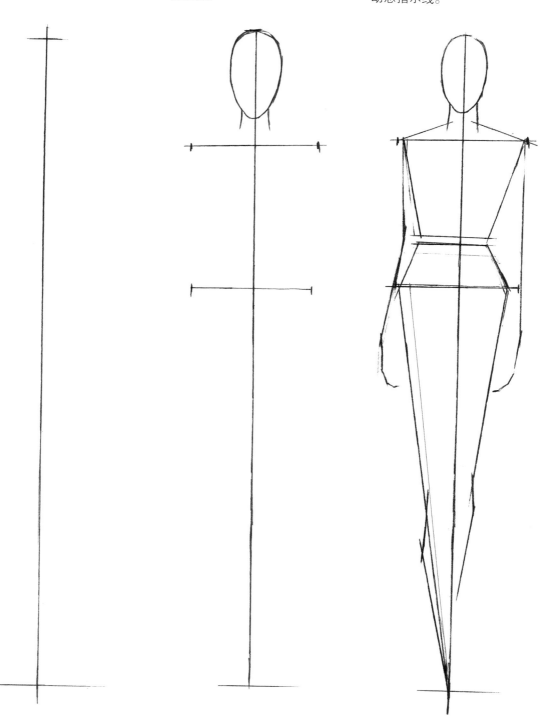

04 根据动态指示线绘制出人体。

05 根据人体绘制出服装轮廓。

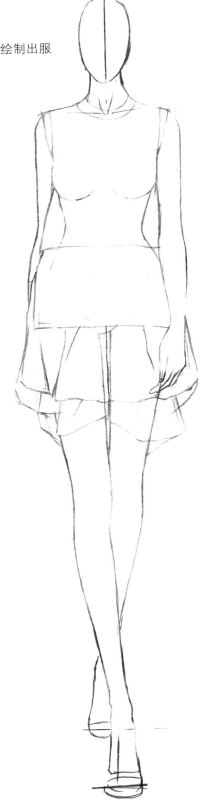

06 绘制出五官大致
形状和位置。

07 根据草稿使用圆珠
笔勾线，对其进行优化
调整完成线稿。

5.2.3 修身长连衣裙线稿表现

01 绘制出着装人体的草稿。夏季时装会露出较多的人体，注意人体部分的比例和结构要准确。

02 用圆珠笔根据草稿绘制出线稿。

5.2.4　夏季休闲裙装线稿表现

01 绘制出大致人体动态轮廓。

02 根据人体动态轮廓绘制出着装人体线稿。

5.3 秋季时装效果图线稿表现

　　秋季时装与春季时装有类似的厚薄程度，但因秋季天气慢慢转凉且风多，加之人们"春捂秋冻"的习惯，秋季服装面料一般是较薄但质地较硬的梭织面料，牛仔、皮质面料也较为常见，如牛仔夹克、薄皮衣、梭织裙、各式混纺上衣及裤子。除了以上这些，春季的服装也都可以在秋季穿着，同样，秋季服装也可以在春季穿着。

　　总的来说，秋季服装款式较多，面料偏薄、偏硬，褶皱较少，褶皱线条较硬。服装轮廓较硬，由一段段的短直线组成。

5.3.1   秋季真皮外套混搭线稿表现

01 绘制出重心线，并
确定人体高度。

02 推算出头部大小，确
定肩、髋动态线。

03 根据肩、髋动态线画出全身动态指示线。此案
例手臂动态较自由，距身体较远，不能很好地参照，
这时可以用尺或圆规测量一下并确认手臂长度。

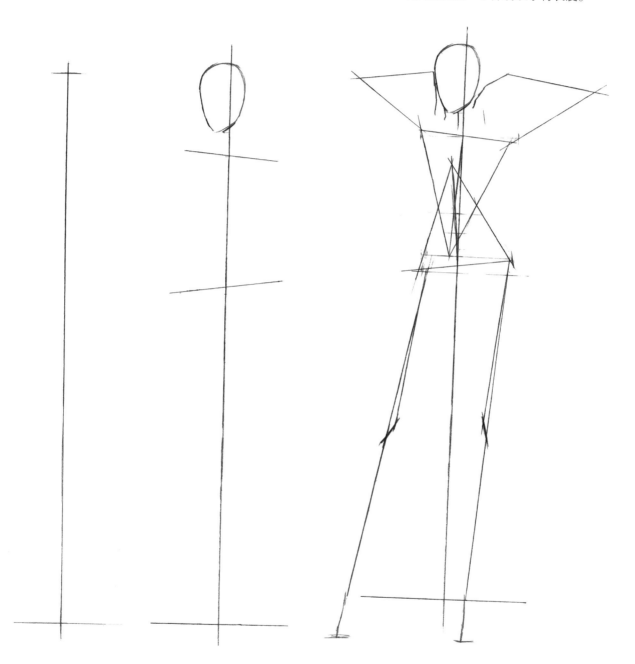

04 根据人体动态指示
线绘制出人体。

05 根据人体绘制出
服装的基本轮廓。

06 绘制出脸部五官大致位置和
形状，完成草稿的绘制。

07 根据草图使用圆
珠笔对其进行优化，
然后绘制出线稿。

5.3.2 秋季休闲风衣夹克线稿表现

01 绘制出人体重心线，并确定人体高度。

02 绘制头部轮廓，以及出肩、髋动态。

03 根据肩、髋动态绘制出人体动态指示线。

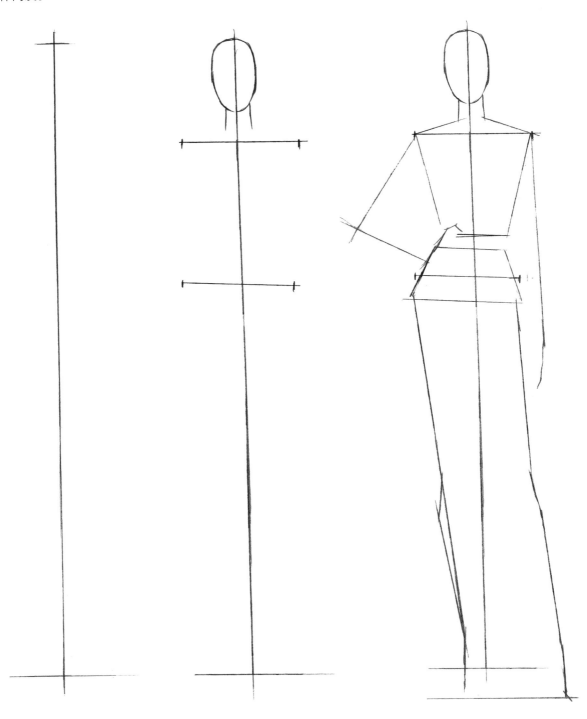

04 根据人体动态指
示线绘制出人体。

05 根据人体绘制出服
装的轮廓，表现出基本
的着装效果。

06 此案例的服装较复杂，完成五官的大致绘制后，再对不明确的地方进行加工处理，完成对草稿的绘制。

07 根据草稿绘制出线稿。

5.3.3 长礼服裙线稿表现

01 用长直线绘制出着装人体大致轮廓的草稿。

02 根据草稿完善出五官、发型及服装的基本形态，绘制出线稿。

5.3.4　休闲时装线稿表现

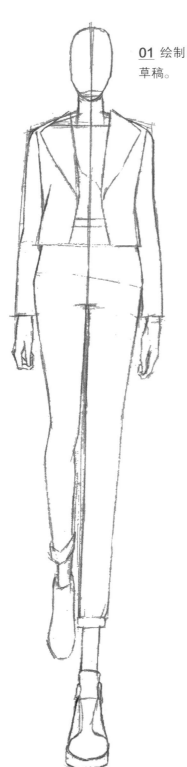

<u>01</u> 绘制出着装人体草稿。

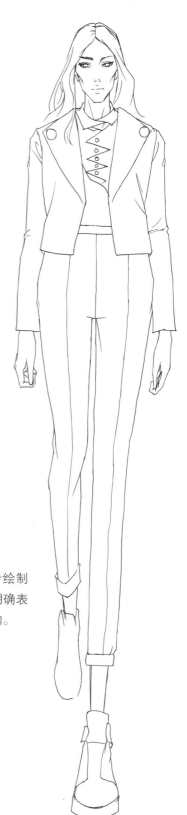

<u>02</u> 根据草稿进一步绘制出着装人体线稿。明确表达服装的款式与结构。

5.3.5 针织毛料时装线稿表现

01 绘制出着装人体的草稿。没有准确形态的毛质服装部分用概括的方法简单表示一下即可。

02 根据草稿绘制出线稿。注意针织结构的表达，绘制时要用虚而软甚至糙的线条来绘制。毛质服装部分的轮廓要用富有节奏变化的碎线条组成，时不时还要做出破形，打破规律，使其看起来自然优美。

5.3.6 秋季街头混搭时装线稿表现

<u>01</u> 绘制出着装人体草稿。

<u>02</u> 根据草稿绘制出线稿。绘制线稿时注意用不同的线条表现不同部分的质感。

5.4 冬季时装效果图线稿表现

冬季时装最大的特点即是厚重，材质多种多样，但都是以保暖为基础。面料既有较硬质感的厚毛呢，较软的棉大衣或卫衣，也有相对较特殊的蓬松且轻的羽绒服之类的服装。除此之外，由于特殊的需求，冬季服装还会出现一些各式各样的服装附件，如各种材质的围巾、手套、帽子等。

冬季服装经过多层衣服的叠加，会有臃肿的感觉，这里的处理方式是利用对比变化，通过把人体的特定部位处理得纤细一些（如腰、小臂、整个腿部）来营造出美好的整体形态。

总的来说，冬季服装较厚，款式也相对复杂，面料多种多样，大部分较软，也有较硬的厚毛呢和一些风衣的面料等，因为较厚所以褶皱也相对宽厚，数量较少，线条简单且弧度较硬。当然也有特殊的羽绒服类服装，面料表面有很多的缝制线，较薄的布料包裹着内部蓬松的羽绒，在缝制线两侧产生许多细碎的褶皱。绘制羽绒服时要注意从整体入手渐渐深入，不要画碎了。

5.4.1　冬季厚棉装线稿表现

01 绘制出重心线，并
确认人体高度。

02 绘制出肩、髋动态
线。注意这里的肩线中
点稍稍偏离重心线。

03 绘制出人体动态指
示线。

04 根据动态指示线绘
制出人体。

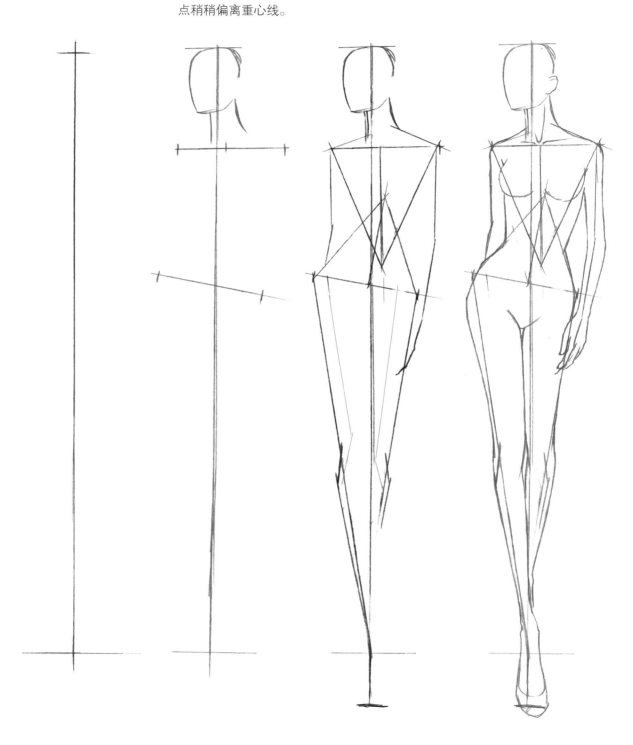

05 根据人体绘制出服装轮廓。

06 通过对上一步着装人体的审查，发现动态有些死板，所以对人体自由活动部分的右臂动态进行更改，然后绘制出脸部五官的大致形状和位置。

07 使用圆珠笔对草稿进行勾线处理，并在过程中对其进行优化，绘制出最终线稿。

5.4.2　女士羽绒材质时装线稿表现

01 绘制出重心线。　　　　**02** 绘制出肩、髋动态线。　　　　**03** 绘制出全身动态指示线。

04 根据动态指示线
绘制出人体。

05 根据人体绘制出着
装效果，注意羽绒服的
大致轮廓。

06 绘制出脸部五官
的大致形状及位置。

07 使用圆珠笔对草稿进
行优化调整，绘制出羽绒
服的细节褶皱，完成对线
稿的绘制。

5.4.3　男士羽绒材质时装线稿表现

01 用概括的线条绘制出着装人体草稿，不用太强调细节。

02 根据草稿绘制出线稿，表现出羽绒服和脸部的细节。冬季服装露出的人体部分并不多，所以表达重点都转移到了服装上。在绘制线稿时要注意细节的丰富性。

5.4.4 厚呢子大衣线稿表现

01 绘制出着装人体草稿。

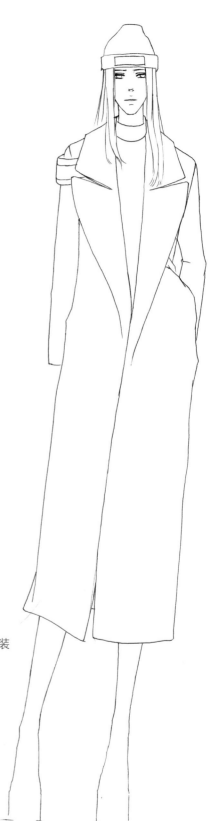

02 根据草稿画出着装人体线稿。

06

时装效果图

上色基础

6.1 色彩的基本知识

6.1.1 固有色和色彩的三要素

自然光线下的物体所呈现的本身色彩称之为固有色。但在一定的光照和周围环境（光源色与环境色）的影响下，固有色会发生变化，根据这些因素的不同，固有色也会产生与之相应的变化。由于亮部与暗部受光影的影响较大，所以固有色一般在物体的灰部呈现。

固有色可以简单理解为物体本身的颜色，而颜色的性质有3个要素：色相、明度与纯度。

◎ 色相

色相即是颜色的样子，是颜色对外的视觉表现。由三原色（红、黄、蓝）经过简单调和扩展出的其他共12种颜色组成了最基本的色相环。色相环上的每个颜色都有自己独特的颜色属性。色相是色彩的首要特征，是区别各种不同色彩最准确的标准。

举个简单的例子，每一支马克笔都有自己的色号，不同色号的马克笔色相都会有所不同。但是相邻色号的马克笔色相不会有很大的变化，如4号、7号与9号，它们在纯度明度上都有所不同，但是如果单独拿出来大家都会说这是红色。但是如果你想用来表现淡雅的服装，并且大色调是淡白，就一定会选择颜色更加柔和雅致的9号。

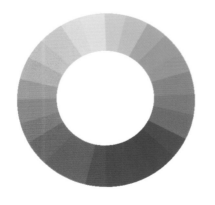

所以，色相千变万化，选择合适的色相互相搭配，才能互相弥补互相衬托，把最好的效果展示给观赏者。

◎ 明度

如果把光源考虑进来，明度即是眼睛对物体表面的明暗程度的感觉，主要是由光线强弱决定的一种视觉效果，明度取决于光源的强度。

明度也可以简单理解为颜色的亮度，不同的颜色具有不同的明度，例如黄色就比蓝色的明度高。在一个画面中合理安排不同明度的颜色，可以帮助表达绘制时的情感，如果整个画面明度都比较暗淡，视觉上就会产生压抑的感觉。任何色相的颜色都有明暗变化，其中黄色明度最高，紫色明度最低，绿、红、蓝、橙的明度相近。另外，同一色相的明度中还存在深浅的变化，如蓝色中由浅到深有浅蓝、湖蓝、普兰等明度变化。

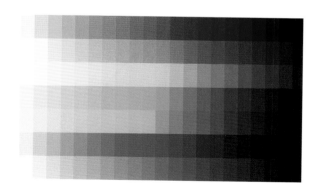

除此之外，明度在色彩三要素中可以不依赖于其他性质而单独存在，任何色彩都可以还原成明度关系来考虑。即使是没有颜色属性的黑白之间也可以形成许多明度台阶，从而形成丰富的明度层次来构成画面，如素描。

利用基本黑白关系绘制的服装效果图

◎ 纯度

纯度，指色彩的饱和度。通俗来说就是颜色的鲜艳程度。高纯度色相加白或黑，可以提高或减弱其明度，但都会降低它们的纯度。如加入中性灰色，也会降低色相纯度。

颜色纯度在服装效果图中的应用主要可能面临颜色兼容性的问题。太纯的几个颜色相互搭配在一起会显得十分突兀，无法融入一个统一的色调中。若想要效果图整体融洽且有闪光点，就要把握好纯度的变化。举个例子，对于某张效果图，服装各部位颜色的纯度设定在70%左右，这样先保证了大关系的统一。然后对于想突出的服装部位要做出一个纯度上的对比。比如想突出上身红色皮质夹克，就把夹克的颜色改变成90%的颜色纯度，这样不仅在服装的整体节奏上做出了丰富性的变化，而且使服装的主次重点也变得鲜明。

控制好画面纯灰节奏，可以极大突出画面效果

不同纯度的颜色有不同的感觉。纯度较高的颜色显得生动、直接，纯度较灰的则显得淡雅、成熟。

6.1.2 色彩的三项原则

除了以上讲到的色彩三要素，色彩运用还有3个原则：主次原则、平衡原则、节奏原则。

◎ 主次原则

色彩的主次原则可以简单地理解为画面中有一个大的主色调，但在这个主色调中也有着其他的颜色，但是它们的存在对画面色调不起决定性的作用，而是用于填充细节、丰富画面。

主色为红色，其他细节色都是表达体积或丰富画面效果

◎ 平衡原则

色彩的平衡主要表现在两个部分。

第一是色彩重量感的平衡，也就是明度上的平衡，简单来讲就是要避免头重脚轻画面不稳定的情况。例如把脸部颜色画得很重，但是身上其他地方，如手足部位颜色的明度都不能与之形成呼应，失去了平衡，就会显得脸部很突兀，画面不协调不舒服。

画面中的几处黑色造就了明度上的平衡

第二则是色彩对比上的平衡性。每种颜色都有自己的特性，搭配起来更是有千万种变化，但是良好的颜色搭配也是有其自身规律的。如果在某几个局部使用的搭配造成了画面色调模糊、不协调甚至有些脏的情况，就说明你的色彩对比产生了不平衡。这种情况不一定是因为你的局部色彩没有搭配好，而是你在绘制局部的过程中没有考虑局部与整体之间的关系，使局部扰乱了整体。例如在一个蓝色调的画面中，上衣是蓝色的，裤子是浅蓝色的，鞋子是白色的，一切都很协调，突然出现一个特别纯的红色与黄色相间的长筒袜子，而且上身没有与之呼应的颜色，这样就会使画面关系特别尴尬。所以在绘制的过程中一定要掌控大局，把握好画面色彩的平衡性。

画面中色彩的几处搭配及位置成就了画面色彩搭配的平衡

◎ 节奏原则

在一个画面中，节奏感非常重要，就像是摇滚乐，一个调一直循环一定没有什么意思，只有把节奏做到跌宕起伏才能展现出冲击力。不管是色相配置的节奏还是明度、纯度的节奏（此外还有线稿的节奏），对画面都起着很大的影响。好的节奏可以使画面的主次关系分明，使要突出的部分亮眼，内涵的部分深入。

作品中色彩的配置富有节奏感，才能在统一中产生变化，营造美感。如果画面中都是比较极端的颜色，如大红、大紫似的颜色就会令人烦躁不安；如果画面全是灰色就会显得消沉，没有活力。只有将纯色、中间色、灰色进行合理搭配，用心经营位置，推敲用色，才能获得富有节奏感的画面效果。

举个色彩运用节奏感的例子：在一张时装效果图中，如果每个颜色的调子都基本一样，没有太大的区别，对比也很模糊，就会显得画面效果平平。如果在头上、上衣的某个局部、鞋子上都用纯度较高的颜色，运用鲜明的明度与纯度的对比加以绘制，就会发现画面的效果简直上了一个档次。

几处细节色使画面色彩节奏活跃

6.1.3 光影色

众所周知，有光影明暗关系才会有体积感。在画出固有色的基础上，光影色即是赋予物体体积感的重要元素。主要层次为：亮部、明暗交界线、暗部、阴影。如果要求更加细致的话，就是亮部、过渡、明暗交界线、过渡、反光、阴影。

◎ 虚实表达光影

虚实是明度和纯度表达光影的基础，这个技法没有一种准确的虚实程度概念，但是运用好了会使画面非常协调自然。

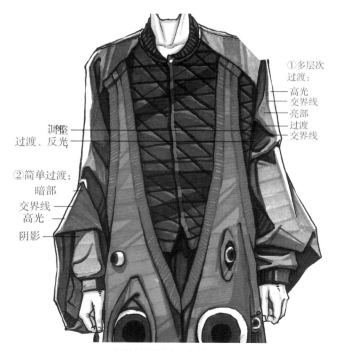

①多层次过渡：
高光
交界线
亮部
过渡
调整
交界线
过渡、反光

②简单过渡：
暗部
交界线
高光
阴影

服装效果图上局部的阴影层次

画过素描的人都知道，就算是很单一的亮面或者暗面也不只是一个颜色。因为任何部位的受光程度都不会完全相同，这就造成了每一个大色块中都存在着微妙的变化，而如何处理这种微妙的变化，让我们的画面更加亮丽就是现在要学习的地方——光影的虚实。

光影虚实简单来说，就是暗部不要画得太死太沉闷，同时要有颜色过渡的轻微变化。方法就是尽量使颜色通透，这也是为什么在马克笔的使用技法中要快速铺色的原因。就暗部来说，交界线附近是颜色最重的地方，以这个地方作为运笔起点，由慢到快就可以一笔表达出过渡和虚实。

运用虚实技法处理的光影效果

简单的两种颜色用虚实手法处理的服装效果

一般来说，亮部与暗部的颜色虽然要区分开，但是却不能为了光影效果把暗部与亮部的对比拉得太大。因为这样会显得暗部十分不透气，有种沉闷死板的感觉，而且会使服装原有的颜色被弱化。那么如何完美地解决这个问题呢？其实很简单，就是把交界线的明度压下去，把较大面积暗部的明度稍微提高，这样既能够保证服装的整体光影效果，又能使服装画整体的颜色鲜艳生动，暗部还有一种反光的感觉，可以使服装各部位之间的联系更明显，彰显整体性。

将明度和纯度表达光影的技巧结合起来，其实就是用虚实表达光影的根本。

明度技巧表达光影（亮部亮，暗部暗）

塑造服装的体积感，最简单、最直接也是最基础的方法就是拉开亮面到暗面各个层次之间的明度。利用黑白灰素描关系表达服装的体积感。隆起的地方使用较高明度的颜色，或者干脆直接大胆地留一抹"潇洒"的高光；凹陷处、亮面转向暗面的地方或者阴影处就重卡一笔深色，然后以这一笔重色为起点向外扫，笔速要快而流畅，这样就能扫出通透而富有过渡变化的暗部。衣服下边缘处一定要重重卡上一笔阴影，这样不仅可以区分衬托出该服装单件，还可以清楚地表达服装的层次。

如果在这个思路上加入虚实变化的技法，画面则会更加舒服协调。

用明度、虚实处理服装各部位的效果

用数据说话：举个简单的例子，某服装（布料轻微反光）的固有色是40%的明度。那么亮部就应该是30%（比原有色亮）、亮部过渡（固有色）是40%、暗部是60%（比固有色暗比交界线亮）、明暗交界线是70%（最暗）、反光是50%（比亮部暗但是是暗部最亮的地方）。

纯度技巧表达光影（亮部纯，暗部灰）

明度区分光影只是黑白灰素描关系这种单色状况使用的。如果把色彩三要素中最有颜色特性的纯度考虑进来，这时就会使画面色调更加协调，富有美感。

大家玩手机的过程中会发现，手机屏幕亮度调高之后，颜色会特别鲜艳，亮度调低，颜色就会暗淡，灰蒙蒙的。因为在昏暗的环境下，颜色的纯度会明显降低。所以要想使画面颜色关系更加协调，在明度关系确定之后，再去降低整个暗部的纯度，是最好的方法。因为对比会影响人的视觉，所以这样的纯灰对比也可以衬托出衣服颜色的鲜艳。但是也要控制好暗部的灰度，太灰了会使画面的颜色污浊显脏。控制的程度大体就是保证暗部明显是原有的色相且颜色淡雅通透即可。

利用亮部与暗部颜色的纯灰对比表达光影效果

6.2 服装效果图配色基础知识

6.2.1 色相的搭配

色相环里的每种颜色都是由红、黄、蓝三原色互相调和扩展出来的，但是每种颜色都有自己的特性，有的颜色与另一种颜色搭配起来特别舒服，有些颜色单独看特别漂亮，但是放在一起时反倒会觉得"辣眼睛"。为什么会这样，怎么才能让自己绘制的图片颜色舒服协调呢？接下来为大家进行讲解。

合理的颜色搭配会给人良好的视觉感受

◎ 互补色

在三原色中，红色的补色，是黄色和蓝色调和出的绿色；蓝色的补色，是黄色和红色调和出的橙色；黄色的补色是蓝色和红色调和出的紫色，以此类推。

简单来说，互补色就是色相环中某一个颜色与其对面的颜色（180°对角方向）。互补色放在一起时，会给人视觉上强烈的排斥感，但是若对两者适当调和其纯度与明度，或者使一个颜色的面积远大于另一个颜色所占的面积，则会给人强烈但良好的视觉冲击感。

常用的马克笔互补色色号：3与123（黄紫）、74与24（蓝橙）、16与43（红绿），选定其中一个色号（如24号橙），再拿出色卡查看对应互补色附近的色号（70~76）有没有可以与之搭配的颜色作为配色基础即可。

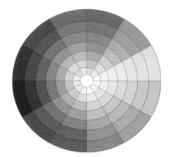

颜色经过调和后小面积搭配的互补色

互补色和下面说到的对比色，并不是完全相同，但是互补色一定是对比色，但对比色不一定是互补色。

◎ 对比色

对比色有很多，因为对比不止是在色相上存在，在明度、纯度上都会产生各种各样的对比。因为范围比较广，所以对比色的概念比较模糊，通常见到类似互补色的颜色都概括地说成是对比色。

对比色与互补色在运用搭配时要注意，虽然醒目而突出，但是也要附加上一些过渡或者用来调和大色调的色彩，或主要颜色的同类色、邻近色来协助搭配，这样可以使画面丰富也避免了颜色"辣眼睛"。

"辣眼睛"的红绿搭配

视觉效果协调且不乏冲击力的红绿搭配

◎ 同类色

　　同类色是指色相相同，但是明度、灰度不同的颜色，如深红与浅红、淡黄与中黄等。这种类似素描的最基础的颜色搭配不会有任何不妥的地方，色调特别统一协调，以至于远距离观看甚至觉得是一整块颜色。这样的搭配虽然沉稳，但是缺乏能让人眼前一亮的亮点。也可以利用这种搭配，表现出精细繁华的做工，让观赏者从远距离到近距离仔细观看细节时，发出"想不到细节是这么精致华丽"的感叹，感受到一种细节美。

各种同类灰色组成的画面

几种马克笔同类色号搭配。

① 暖色系搭配：

红色系：9、7、4、11、215、1等。

黄色系：3、36、101、104、170、171、247等。

棕色系：25、97、103、96、92、95、98等。

② 冷色系搭配：

蓝色系：76、70、72、74、245、115等。

绿色系：57、58、59、62、174、42等。

不同灰度蓝色组成的画面

　　除了以上两种，还有最常见的灰色系搭配。深浅不同的灰色本身就是一大同类色。灰色系的搭配不考虑色相，主要运用颜色的明度来分配重色和浅色，如此表现画面，是以上两种搭配的基础。

◎ 邻近色

　　邻近色是指颜色性质相似但也有所区别的不同色相，如红与橙、橙与黄、黄与绿、绿与青等。这种邻近色的颜色搭配是如今比较普遍的，也是最为大众所接受的一种搭配方式。这种搭配不会显得单调乏味，也不会特别刺激眼睛，是比较温和且恰到好处的一种搭配方式。但是服装颜色的搭配并不是死板的，我们可以在这种搭配的基础上调整某个或几个颜色的纯度或明度，使对应的服装部位能更好地融入整体或得到突出。

主要使用邻近色处理的画面（棕—橙—黄）

常用邻近色色号。

红、橙、黄：4、7、11、16等红色，24、33等橙色，36、37、101、104等黄色。

蓝、紫、青：72、74等蓝色，75、77、117等紫色，67、71等青色。

6.2.2 明度差与灰度差（纯度差）

在绘制的过程中，会出现这样一种情况：总感觉颜色特别不搭，或者某几个地方的颜色特别突兀，无法融入整体的一种大关系中去。出现这种情况是因为颜色的灰度差太大了。

颜色灰度相差太大导致颜色不和谐

颜色灰度差相差不大即能舒服地搭配

画过水粉的同学都知道，颜料都是经过调和才能铺在画面上的，因为纯度太高的颜色在画面上无法互相兼容，对于马克笔来说道理也是一样。不过利弊是共存的，我们也可以掌握方法，把它的劣势转化成优势：用比较纯的颜色来突出想要表达的衣服上的某个细节（例如：腰带或衣服上的小饰品）或单件（如上衣）。不过前提是画面的其他部分颜色和谐统一且与这块纯度较高（灰度较低）颜色的灰度有一定的差距。

没有使用高纯度颜色的效果（多使用明度差绘制）

使用高纯度的红色突出强调衣服的效果

◎ 选择合适的灰度

70%左右的灰度颜色既保留了原有颜色的色相，又含有别的调和色的特性，且兼容度高，是可用性最高的一种颜色。

◎ 注意颜色之间的联系

如果画面出现了灰度相同，整体颜色却感觉还是不搭的情况，就要考虑两种颜色中的调和色是不是存在太大差异了。调整的方法是：选择相同灰度且融入了相似色相的颜色。也就是说几种颜色中用来调和的30%颜色的成分，最好拥有相似性。例如都是经蓝色调和的红色和黄色，就能完美地搭配在一起。

红　　　蓝　　　　　红紫　　　蓝紫

红色与蓝色搭配太突兀，都融入紫色的红紫与蓝紫搭配则很协调舒服

6.2.3　马克笔融色

在绘制过程中，还经常会出现这样一种情况，希望画面中的某种颜色以较灰的状态来突出或融入画面，即便我们有很多颜色供自己选择，可就是感觉都不适合。提纯马克笔颜色的方法还真没有（一般在马克笔数量充足的情况下不需要，而且马克笔颜色就是较纯的颜色），但是使颜色变灰，却是有办法的。

首先认识一下马克笔中的四种灰色：

WG（暖灰）；

CG（冷灰）；

BG（蓝灰）；

GG（绿灰）。

注：以上色号皆为斯塔3203款马克笔色号。

每种灰色都有9个层次，从*G1到9随着色号的递增明度会降低（颜色会加重），灰度会更明显（如蓝灰色号越高明度越低，颜色也会更蓝一些更重一些）。基础的用法很简单，要使暖色系颜色变灰就加暖灰，要使冷色系颜色变灰就加冷灰，要更冷的效果就加蓝灰，偏绿的颜色就加绿灰（一般用不到）。

当然也有别的情况，比如要表现的时装上衣是一款纯度特别高的黄色夹克，下身配的是一款偏灰的蓝色牛仔裤。由于是色调性质不一样的两种成衣搭配，这时候就不用死板地去遵循上面说的暖色加暖灰，冷色加冷灰的套路，因为你会发现加入淡淡的暖灰（WG2），会使牛仔裤的颜色特别清新漂亮（因为整体呈淡灰蓝色），而且服装的整个搭配也显得格外协调。

所以在融色这一环节中，我们在绘制过程中要记住这样一个要点：要做出统一的效果，那么同色调画面中什么性质的色就加什么性质的灰；要做出变化的效果，那么同色调画面中什么性质的色就加其他性质的灰，这个灰根据情况选择。记住，这个要点不是用来限制我们的，是用来指导我们的。所以，我们不需要死板地去记，要灵活地去想去用，才能让我们绘制效果图的技术日益纯熟。

总的来说，色彩是丰富、多姿多彩的，所以才会有如此绚烂的世界。至于我，只能在一旁为你们指路，如何走出自己的风采，需要自己多加努力。加油！

07

人体与服装款式
上色表现

7.1.1　人体整体上色

　　肤色是一种很淡很灰的颜色，但是变化很细腻。要想画出皮肤的质感就要多运用扫笔的技法来过渡，然后用单层色叠加法强化转折处的明暗交界线。人体（这里不涉及脸部上色）主要分为四肢和以腰为界的上下半身，下面来看各个部位的上色方法。

人体上色技法解析

　　① 因为肤色较浅，所以尽量用准确的几笔概括出腿部的整体效果（体积、转折、颜色变化等），不要出现多余的笔触叠加，保证肤色的通透性与形体表面的光滑质感。

　　② 起始的一笔会留一道颜色比较深的印，如何避免这个颜色重点落在不美观的区域，巧妙地把它安排在刚好需要加重颜色的身体转折上是很重要的一个技法。技法重点是：掐两头，虚中间（一般情况下，以两边为马克笔运笔起始点向中间扫笔），遇到衣服加阴影。

　　③ 明暗交界处使用较慢的笔速赋予较深的颜色，与暗部扫笔较淡的颜色形成虚实对比，也表达了暗部的另一个层次：高光。

　　④ 第一层浅肤色做的是大关系，第二层较深肤色则是进一步表达、塑造重要的结构与体积。

　　上人体皮肤色主要分为5个层次，由浅到深依次为（也是上色的顺序）：留白的高光，最浅的底色（WG0.5号），亮部转折处用单层色叠加深化（WG0.5号），暗部上色（25号），明暗交界线单层色叠加深化（25号）。

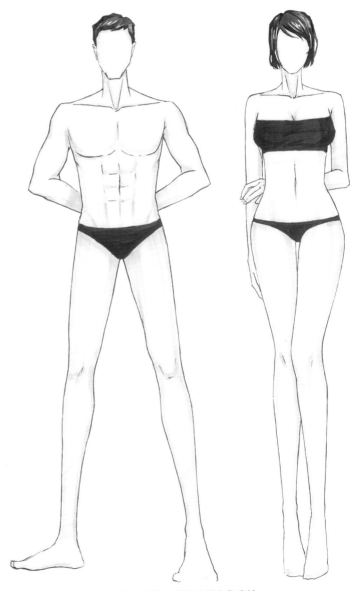

男女人体第一层肤色的上色方法

　　上人体第二层色的几个要点：重卡强转折，运笔最好以转折颜色深的区域为运笔起始点，加速扫暗部。因为起始的一笔会留一道颜色比较深的印，所以这时就要用到上面所说的技法，掐两头，虚中间，如以腋下为起始点扫向肘部。一般都用在腋下、折叠起来的肘部、大腿根部、膝盖、屁股下面等位置。

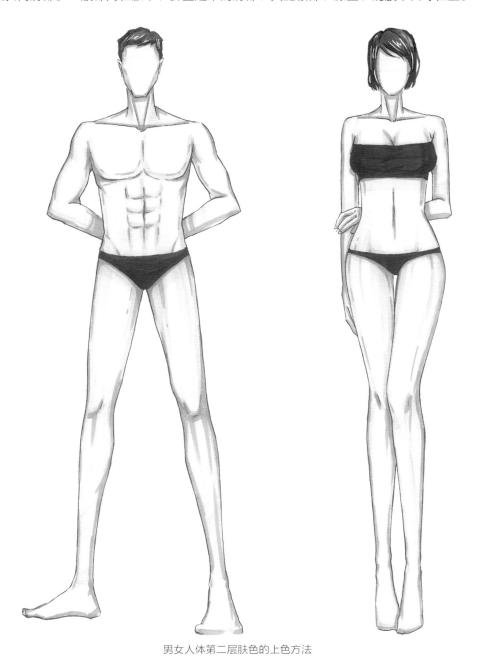

男女人体第二层肤色的上色方法

　　另外，非常好用的一个方法即是用深肤色马克笔迅速扫出明暗交界，这样边缘处就会显得比较亮，刚好可以表现出皮肤上的高光。

7.1.2　脸部整体上色

脸部第一层上色需要注意的是，脸部最终的颜色明度对比会强一些，要与身上偏灰的对比区分开，能让人一眼看出脸部与身体的主次关系，突显脸部的精致细节。

先用WG0.5号铺底色，可以把脑门、鼻梁、眼睛下面向上鼓起的脸颊、嘴唇下面的下巴留白，然后用单层色叠加法加重眉弓、鼻底、颧骨和前额侧面（以颞线为转折）。耳朵直接按形状涂一笔，让它的空间感相对于脸部向后退。

用96号马克笔上眉毛与眼球的颜色，睫毛部分加重一下，使眼睛看起来大一些。如果喜欢眼妆的效果，就用彩铅画上眼影。然后用黑色加重瞳孔、眼眶下方及眼球边缘，并在眼球中间偏上的地方用高光笔提亮。接着用9号马克笔上嘴唇的底色，注意下嘴唇要用细笔头从外向里面铺色，留出一道细的留白，可以让下嘴唇看起来饱满。最后用7号马克笔铺上嘴唇的第二层颜色，注意要用单层叠加法把7号马克笔的颜色深化到最深，从而把上唇的体积感也表现出来。头发根据需求来定色。

脸部的第二层色用25号马克笔表现。先上一层色区分明暗，然后重点刻画眉弓、鼻底、颞线、颧骨一直连接到下巴的明暗交界线。耳朵的简单处理方式：用25号马克笔按照结构描一遍即可。最后画上睫毛、眼影，给脸部上个妆。

脸部上色步骤图例

　　在时装效果图中脸部不需要画得特别细致，主要抓住这几点来刻画：颧骨到咬肌到下巴的明暗交界线，额头两侧的颞线，如果有头发和帽子的阴影就在下面用25号马克笔表现。然后在脖子上用WG0.5号马克笔平涂两遍颜色，让脖子在空间上退到脸部后面，在下巴上根据光的来源加上脸部在脖子上的影子，最后简单交代一下脖子的结构，简单的脸部轮廓部分上色就完成了。最后用25号马克笔绘制出光影关系，用自选色绘制嘴唇、瞳孔色，再加上脸部妆容即可。

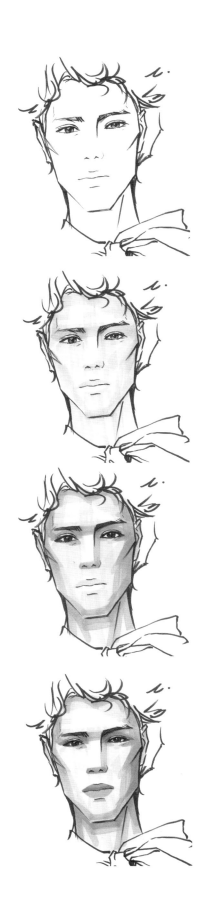

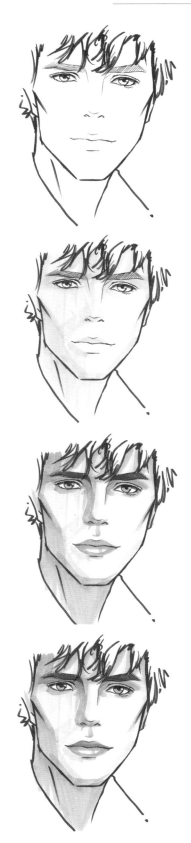

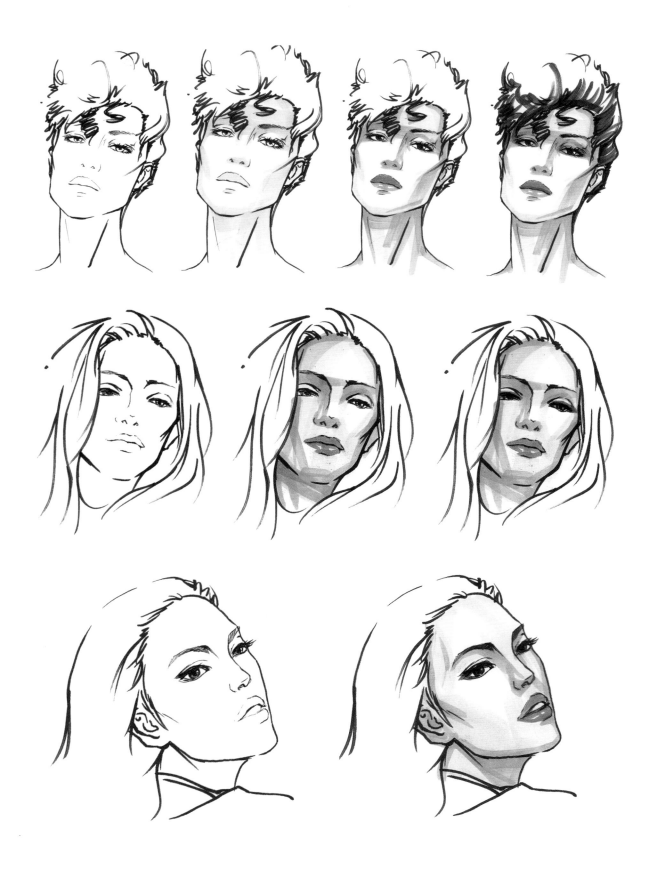

7.1.3　五官上色

◎ 眼睛

　　眼睛是脸部最精致、最重要的一个部分。白色眼球与黑色眼珠强烈的对比关系让人没有办法不注意它。在定完眼部轮廓之后，先画眼球，把高光的留白定好不去动它，然后用95号马克笔整体平涂整个瞳孔外围，在中间瞳孔的位置用黑色（120号）加重铺上颜色，接着在眼皮下面继续用黑色加上阴影。如果需要更精细的话就做一些过渡，方法是用95号马克笔在阴影下面叠加颜色慢慢减淡，再在黑色阴影下面用勾线笔朝着瞳孔的方向排线，由密到疏。

上色步骤

<u>01</u>　用WG0.5号马克笔绘制出固有色。

<u>02</u>　用96号马克笔绘制出眉毛，然后用25号马克笔绘制出眼皮简单的光影效果，接着用WG2号马克笔绘制出眼球上方的阴影，最后用勾线笔绘制出瞳孔颜色。

<u>03</u>　用96号马克笔把瞳孔高光之外的颜色填满，然后用25号马克笔绘制出眼部整体的体积关系。

<u>04</u>　添加眼部妆容，丰富画面效果。

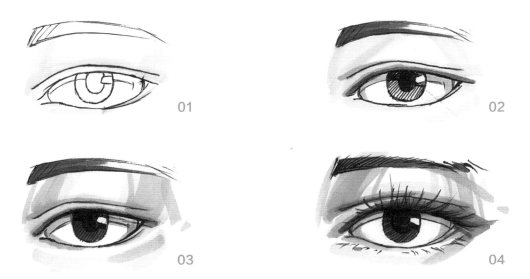

　　不同特点的眼睛会有不同的效果，如瞳孔小（或眯起来）会显得成熟专注；瞳孔大就偏向卡通角色，也就显得年轻、精神又有活力。画女性的眼睛时可以把睫毛画得长而密，轮廓画得圆润；画男性的眼睛就尽量把轮廓处理得看起来更加富有棱角，有种刚硬的感觉。下眼睑阴影根据情况来决定加或不加。

◎ 鼻子

绘制鼻子时要注意不要太复杂，有的精致表现，有的概括表现，掌控好画面的节奏，才能达到最好的效果。鼻子在轮廓画完之后用WG0.5号马克笔平涂，简单地根据结构处理一下明暗关系。在鼻梁、鼻头处留白，在留白的边缘用细笔头加重一下，简单地做一些明暗对比强化体积，在鼻底多叠加几遍颜色。最后用25号马克笔加重一下鼻底明暗交界线，重卡鼻孔处，轻卡鼻翼，鼻子就完成了，简单明快。

◎ 嘴唇

嘴唇的绘制要注意几点，首先，上唇整体颜色要比下唇暗。然后，按照颜色由浅到深来排序（也是上色顺序），即是下唇留白、下唇颜色、上唇颜色、上唇嘴缝上方的反光、上唇明暗交界线、嘴缝处的阴影（过渡颜色就不说了）。还要注意的是男性嘴唇与女性嘴唇的颜色不同，女性嘴唇会涂有口红，所以颜色会鲜艳一些，而男性的嘴唇就偏灰。这里以女性嘴唇的常用上色方法为例进行讲解。

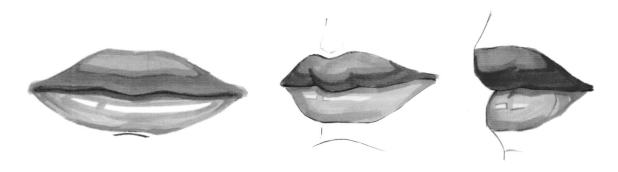

用9号马克笔直接平涂，把嘴唇轮廓填满，但要留出下唇的高光（也可以不留，在画完之后用高光笔提白）。然后在整个上唇区域内叠加颜色，使上唇整体颜色暗于下唇。根据唇部结构，做一些较小的明暗对比简单制造唇的体积，注意过渡要柔和，才能体现唇部圆润饱满的感觉。

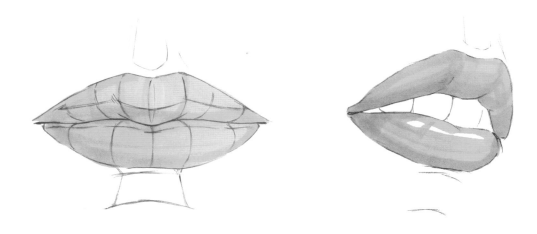

用7号马克笔，先卡出上唇明暗交界线，再轻卡嘴角，然后在明暗交界线上部轻扫一笔过渡，在下部重扫，再减轻力道扫出上唇底的反光，唇缝下的阴影慢扫使其达到颜色饱和状态即可，最后简单地在下唇向下转折处至最下方轻扫，加强下唇的体积感。如果想再加强一下效果，可以用4号马克笔，重卡嘴缝处的阴影，一个饱满的嘴唇就画好了。

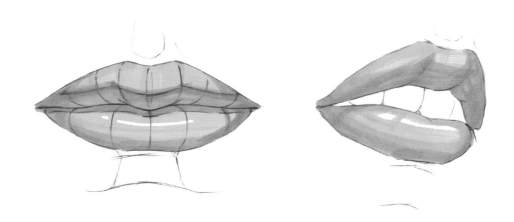

◎ 耳朵

耳朵上色和鼻子一样，也是轻松表现即可，这样也可以对比出眼睛与嘴唇的精致。

使用WG0.5号马克笔完全平涂耳朵轮廓，然后在转折处叠加颜色，接着用25号马克笔轻扫明暗交界线，最后在耳窝处用25号马克笔叠加颜色重重卡出空间感，一个简单的耳朵也画完了。

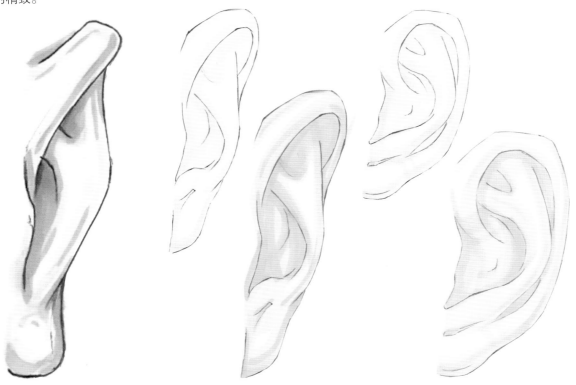

7.1.4 四肢上色

选取WG0.5号马克笔，采用大面积铺色，少部分留白（留白通常在大臂与小臂的中间位置）的方法，先铺第一层颜色，然后简单地在肌肉转折的地方铺色加重，并主要在亮部与高光部形成三个层次的过渡。

选取25号马克笔，用掐两头扫中间的技法进行上色，胳膊部分主要是掐腋下。顺着肌肉或骨骼结构，卡重转折，向另一个方向扫笔过渡，最后是在交界线处迅速扫笔。

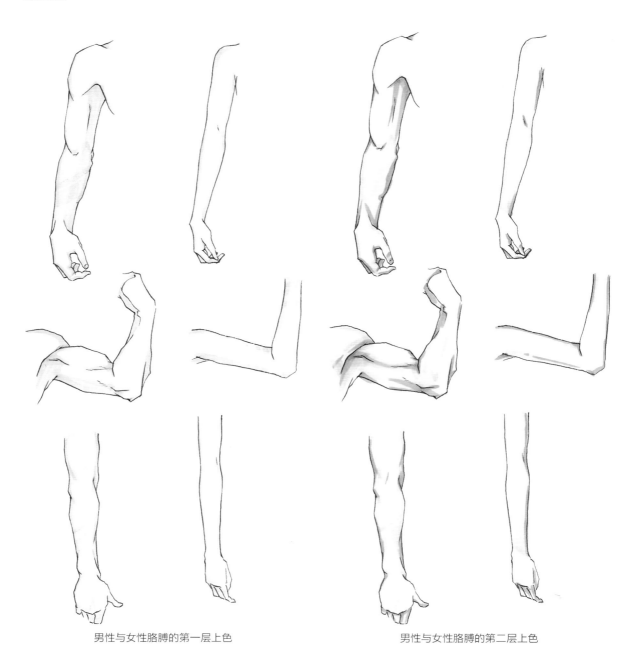

男性与女性胳膊的第一层上色   男性与女性胳膊的第二层上色

腿部的上色方法与胳膊相同，都是顺着肌肉结构在转折处加深形成层次感。两个有色层次之间的对比不用太强烈，因为这只是亮部的简单变化，在下一步我们会用其他颜色的马克笔来加重暗部，所以要注意程度，不要喧宾夺主。

因为小腿通常不在视觉中心，所以用WG0.5号马克笔上腿部颜色时，小腿可以上满色，大腿则留出高光。另外，小腿的腿骨紧贴前侧皮肤，并与内侧的小腿肌肉形成小转折，所以小腿正面尽量画出骨感——在膝盖下方内侧向下扫一笔。膝盖处要按照结构"慢笔"卡一下，形成膝盖底面结构。

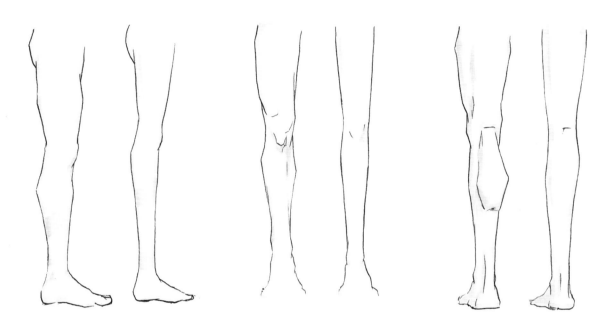

需用25号强调的结构：膝盖、脚踝、跟腱及明暗交界线。若是男性需强调肌肉，则在小腿腿骨、大块的肌肉下部轻卡一下。

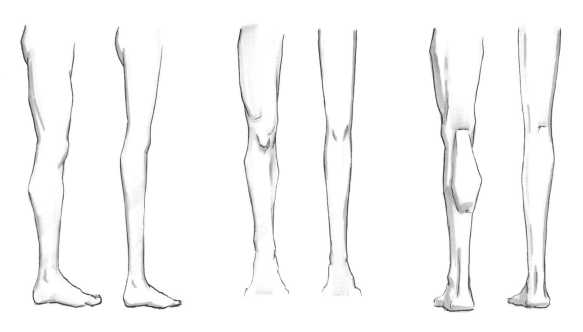

7.1.5　手足上色

与其他部位上色一样，手部第一层色表达的是整体，第二层色刻画的是细节。一般手部中间位置的部分是最鼓的，所以要留出高光。从手指开始体积有大的转折变化，所以通常手指整体比手背、手臂要暗，直接平涂不留高光（除了特殊翘起的手指）。

塑造第二层色时，先在第一层色的基础上深入塑造大关系：如下图主体的手近侧、大拇指和食指的对比较强，层次也较多，其他手指及远侧的手掌相对较虚，对比较弱，层次也较少。最终大关系完成后根据关节及其他转折结构刻画出手部细节。指甲周围明暗关系要根据结构塑造明确，留出指甲的第一层色。

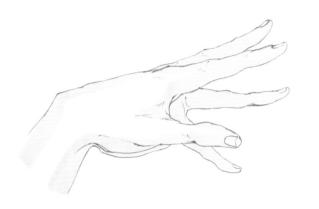 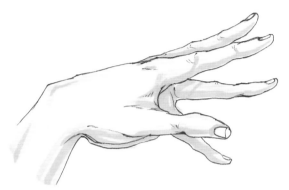

因为皮肤光滑易产生反光，所以要注意控制手边缘部分虚一些，淡一些，到上面的交界线慢慢重起来。注意这条较重的交界线的形状和虚实，不要死板，在重要的关节处面积可以大一些，遇到较圆润的转折可以虚化一下。

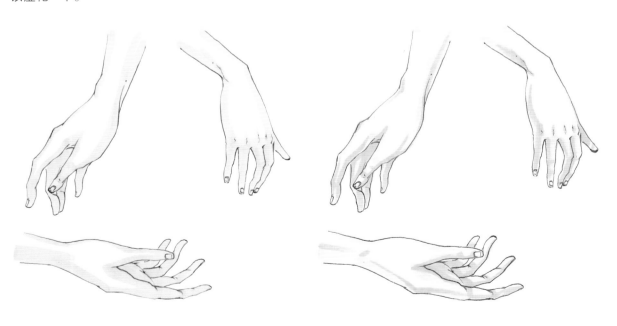

在确定大关系时，确定光源方向与手部体块受光状态是最关键的步骤。

手背背光时形成手腕、手背、手指由浅至深的三个层次颜色，表达三个重要转折。手指上的转折可以用第二层色的面积变化来表达。

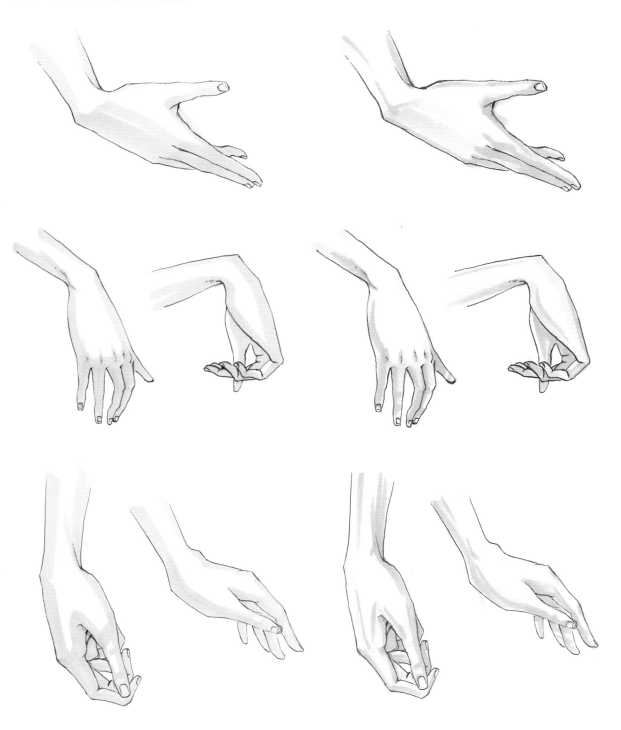

足部上色的方法基本和手部一样。

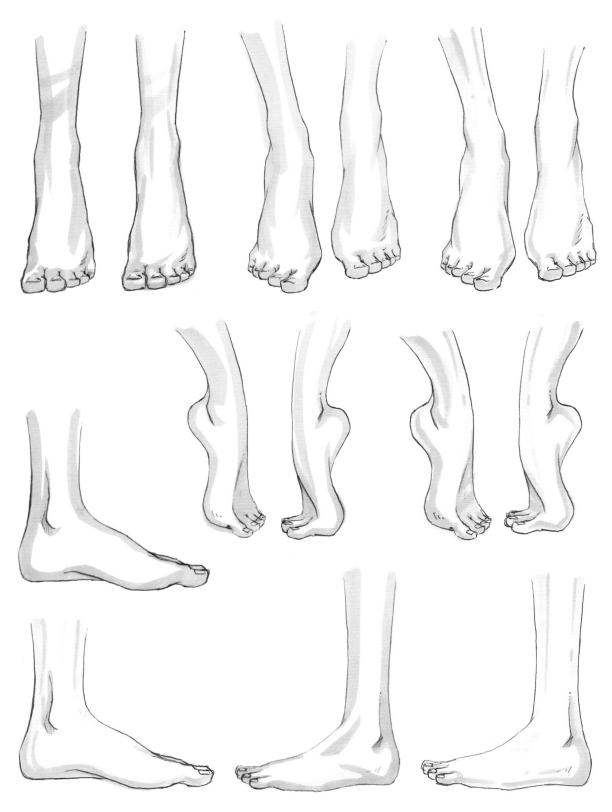

7.2 服装上色表现

服装款式上色可以简单概括为两步：上固有色、上光影色。

7.2.1 上固有色

服装上色的第一步就是选好固有色，用平涂的方式赋予衣服原有的颜色，简单运用颜色的明度对比塑造服装的体积感。

遇到需要较工整的上色部分时可以用下图方法进行，先用圆笔头描边，然后中间用方笔头扫出颜色。

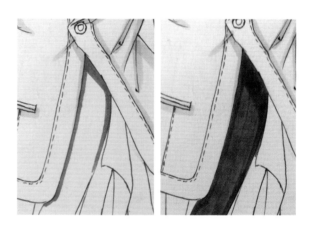

完全平涂法

结合笔触的上色法，可以简单地表达服装体积感。

用来上衣服固有色的马克笔选定后，使用平涂法填满整个衣服轮廓（也可以根据结构使用笔触画法）。有少部分错误的笔触不用太在意，因为与下一层色的对比关系一出来，上一层色的弱对比会更弱。同时，我们也可以利用这一特性来画出一些"远看无近看有"的暗纹来丰富画面。

虽然只是上固有色，但是多一个层次可以丰富画面，还能叠加颜色掩盖误笔，所以我们可以在上固有色这一环节中简单地表达体积。在转折处、衣褶等地方用单层色叠加法表达衣服的立体空间关系，为画面增加较深的层次感。

7.2.2　上光影色

　　服装的固有色上好后，下一步即是对服装体积感的塑造。最直白的方法即是用服装转折产生的光影效果（明暗对比）来表现体积感。一定会产生光影效果的地方有：服装形体转折处（即身体、四肢向后转折的地方）、褶皱及服装结构下方与背光侧。除上述所说以外也会有其他小的光影（明暗）变化，这种光影变化根据服装材质、状态的不同也会有不同的表达方式。

最基本的光影效果

完善细节（褶皱、其他细碎的光影变化）后的光影效果

　　上光影色时注意控制虚实，转折处阴影虚实变化一般为：实、虚；明暗变化一般为：亮、暗、较暗。

7.2.3　不同面料材质服装款式上色

　　服装的款式、颜色多种多样，材质也是各有不同。每种材质都有自己的特点及视觉效果，所以表达面料的关键在于抓住面料、肌理的特点，总结出表现的手法，在表现时结合画面对其进行适当的夸张，处理好转折、褶皱、高光及颜色的过渡，则可清晰地表现服装材质。

◎ 棉质面料

　　棉质面料是最常见的服装面料之一。它柔软舒适，有一定的弹性，肌理有一定的粗糙感。薄棉料服装没有太大的特点，用最普通的方法绘制即可；厚棉料服装（如冬款卫衣、保暖衣）在绘制时，可以在其暗部用马克笔反复晕色，使纸张稍稍起毛（注意程度），亮部快速扫出颜色，使其稍稍透一些底色的白，刚好表现出厚棉料稍有粗糙的质感，也做出一些柔和的颜色过渡变化。同时不要绘制明暗交界线，最好让亮面与暗面柔和过渡，褶皱的处理方法也是如此。

棉质面料基本绘制方法

<u>01</u>　用WG2号马克笔平涂绘制出固有色。

<u>02</u>　用同色系深一号的颜色（WG3），根据褶皱形状绘制出光影关系。

<u>03</u>　用再深一号的颜色（WG5）加重阴影和转折。

棉质服装上色

　　服装款式上色部分都是用同类灰色系列马克笔根据明暗关系绘制，大家在绘制时要以此为参考，根据不同颜色制定不同的绘制方法。一般服装上色层次为3~4层，也是最舒服的层次数量，当然特殊类服装除外，如纱质服装可能需要5个层次以上。

<u>01</u>　绘制出服装线稿。

<u>02</u>　根据褶皱、服装体积关系用固有色（WG1）绘制出简单的光影关系，留出白色的受光部分。

<u>03</u>　用光影色（WG2）绘制出完整的光影关系，不用画明暗交界线。暗部轮廓要柔和平滑，且富有一定的变化，体现出棉质柔软易变形的特点。

◎ 皮质面料

　　皮质面料具有丰富的颜色变化及良好的光泽度，所以皮质面料服装在表现时应特别注意的一点是对高光的留白。因为皮质面料对光十分敏感，故皮质面料在转折及明暗关系的处理上具有独特的处理方法。最常用最有效的方法是把明暗交界线压得很重，而暗部有大面积的反光所以不用画得很重。直接在高光边缘压一笔重色也可以很好地表现皮质面料的质感。另外，有时重色颜色太单一，缺乏变化，所以在绘制固有色时就要注意用反复晕色的技法来先做出一种淡层次的、柔和的颜色过渡。

　　绘制时要结合以上三种技法，在服装的各个部分穿插使用，切忌技法使用的死板与雷同。

皮质面料基本绘制方法

<u>01</u> 绘制出受光色（97），并根据褶皱留出轮廓圆润的高光形状。

<u>02</u> 用笔触叠加法加重高光周围的颜色，即为皮质面料固有色。

<u>03</u> 用深一号的同类色绘制出明暗交界线。

皮质服装上色

<u>01</u>　绘制出服装的线稿。

<u>02</u>　绘制出受光色（WG2），在服装各部分中部留出高光。

<u>03</u>　根据形体体积关系在明暗交界线、服装转折处绘制出固有色（WG5），注意服装各部分边缘要留出比暗部稍亮的反光。

<u>04</u>　用更重的颜色对明暗交界线、强转折及阴影进行加重处理。

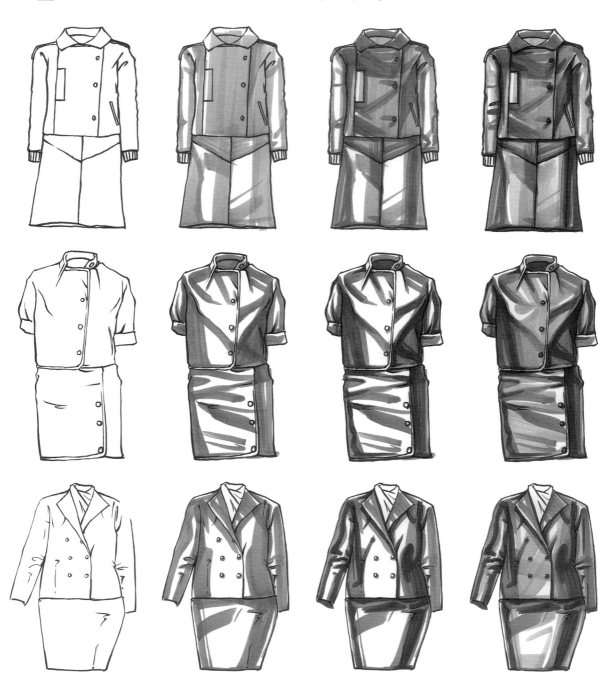

另外，使用光滑质感面料制成的羽绒服上色使用的技法与皮质相同，但是因其结构较碎所以会产生相对于皮质更多的起伏、细节的光影关系。

<u>01</u> 绘制出羽绒服的线稿。

<u>02</u> 根据光源与服装的关系使用受光色（WG5）概括绘制出光影关系。注意羽绒服的表面起伏很大，要根据节奏绘制出高光的大小和形状变化。

<u>03</u> 在阴影处和明暗交界线处使用固有色（WG7）进行第二层颜色的绘制。

<u>04</u> 做出受光部分与高光的过渡（WG3），柔化转折。

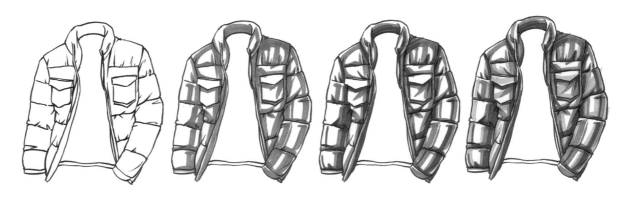

◎ 毛呢面料

毛呢面料的最大特点是厚重，可以分为硬毛呢和软毛呢两大类。

硬毛呢面料较结实，不易变形，通常不会出现褶皱。在绘制时一定要注意形体的厚度。硬毛呢服装的精彩之处在于其转折处的变化，因其穿在人体身上的形体较为圆润，所以会产生较为明显的亮部、过渡、交界线、暗部、反光这几个颜色层次。在用马克笔上色时笔速尽量放慢一些，让纸张较充分地吸收颜色，毛呢质感呼之欲出。最后再用黑色压一下重要的形体转折与阴影，当颜色拉开后，硬毛呢面料的质感也就塑造完成了。

　　软毛呢面料相较硬毛呢面料则更显厚重甚至有些臃肿，它的褶皱不像硬毛呢面料服装那么少，因为其有较好的柔软度，加上一般较为宽松的板型，会产生很多厚而软的褶皱。软毛呢的褶皱上色处理方式较简单，用固有色全面平涂，等底色干后，再结合形体叠一遍色，这样就产生了两个对比较小的颜色。然后挑一种比该服装固有色深（不要太深，能看出较明显的层次即可）的马克笔颜色，把褶皱的暗部压深就完成了。要注意保证明暗关系不要拉得太大，层次也不需要多，否则会影响软毛呢质感的表达。

毛呢面料基本绘制方法

<u>01</u>　绘制出受光色（96）。

<u>02</u>　使用笔触叠加法根据褶皱形状绘制出固有色。

<u>03</u>　使用深一号的同类色（92）绘制出阴影。

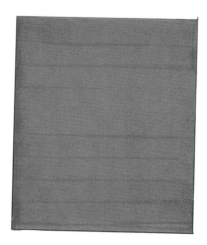  

毛呢服装上色

<u>01</u> 绘制出服装的线稿。

<u>02</u> 绘制出服装固有色（WG3）。

<u>03</u> 在阴影、褶皱处绘制出光影色（WG5）。

<u>04</u> 用光影色（WG5）再次强化光影关系。另外，因为毛呢类褶皱较少，绘制出来会显得画面空，这时可以在一些地方添加过渡笔触进行过渡。

◎ 牛仔面料

　　牛仔面料的特点是布料较为坚硬。浅色牛仔面料本身有一定的颜色变化，在用颜色来表达材质时要注意有意识地将底色留出高光，之后便用较方、富有变化的笔触来表现褶皱的形状及服装固有色的变化，最后再用重一号的灰蓝色卡一下重要转折就完成了。

在表现深色牛仔面料时常常与高光笔配合使用，其绘制方法简单且效果强烈：直接用蓝色把轮廓填满，然后结合服装状态设计几个颜色重点，再用更深的深蓝色做出过渡变化，最后用高光笔画出结构线即可。

牛仔面料基本绘制方法

<u>01</u> 根据褶皱形状绘制出受光色（76）。注意绘制牛仔面料时笔触一定要干练、自信，留出不规则的高光形状，高光面积可以稍大一些。

<u>02</u> 使用深2~3度的同类色（70）根据固有色笔触绘制出阴影色（也可以把其当成固有色），注意使用较干的笔触有利于牛仔质感的表达。

<u>03</u> 使用阴影色（70）以叠加的技法绘制出明暗交界线。

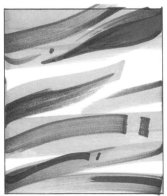

牛仔服装上色

<u>01</u> 绘制出服装的线稿。

<u>02</u> 用干练的笔触绘制出固有色（WG3），在受光面留出高光。

<u>03</u> 绘制出光影关系（WG6）。

<u>04</u> 在强转折、阴影处使用更重的颜色（WG7）卡一下。

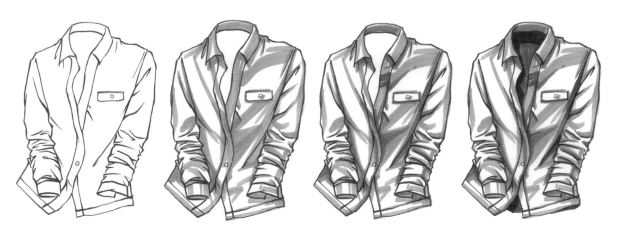

◎ 混合纤维面料

　　混合纤维面料根据不同的混合程度也会有不同的质感，一般都有着柔和的光泽度，且明暗变化过渡柔和。在处理一些细致的明暗变化时可以使用单层色笔触叠加法来表现。

混合纤维面料基本绘制方法

<u>01</u> 采用平涂的方法绘制出受光色（WG5）。

<u>02</u> 根据褶皱形状使用叠加法绘制出固有色。

<u>03</u> 使用深一号的同类色（WG7）绘制出阴影。

<u>04</u> 使用高光笔提出细致的高光。

混合纤维服装上色

<u>01</u> 绘制出服装的线稿。

<u>02</u> 绘制出受光色，留出服装褶皱附近和受光部分的高光。

<u>03</u> 绘制出固有色（WG5），制造体积转折关系。

<u>04</u> 用更重的颜色（WG7）卡一下强转折和阴影。

◎ 梭织面料

　　梭织布料较硬较薄，会产生有棱角的褶皱及明显的轮廓形态。上色时也要用较硬、较方的笔法进行过渡，笔速要快，有些许颜色不饱和的状态刚好可以体现面料质感。处理大部分褶皱时要注意卡轮廓线，最好使部分暗部轮廓看起来有明显的形状，以表现布料硬、薄的特点。另外，将方正的过渡笔触用在其较平整的部分也会使质感的表现更强烈。

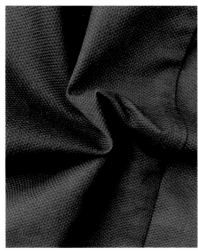 

梭织面料基本绘制方法

　　梭织面料的绘制方法与棉布相似，不同的地方在于其质地较硬，所以会产生较有棱角的转折以及更强的光影效果，其明暗交界线也会更加明显、有型。

<u>01</u> 采用平涂的技法绘制出受光色（36）。

<u>02</u> 使用深一号的同类色（104）根据褶皱形状绘制出固有色。

<u>03</u> 使用更深的颜色（170）绘制出其明暗交界线，还可以用勾线笔在强转折处勾出线条。

  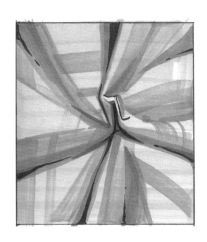

梭织服装上色

绘制梭织服装及一些硬材质类服装时绘制完其受光色后可以优先绘制其确定的、有型的阴影，再去绘制两者之间过渡的固有色。

<u>01</u> 绘制出受光色（WG3）。

<u>02</u> 绘制出阴影色（WG7）。

<u>03</u> 使用过渡的固有色（WG5）绘制出褶皱和大的明暗关系。

遇到褶皱较多的梭织类服装时，先使用固有色绘制出阴影部分，再使用光影色绘制出富有变化的明暗交界线，可以使绘制过程更加整体、舒服。

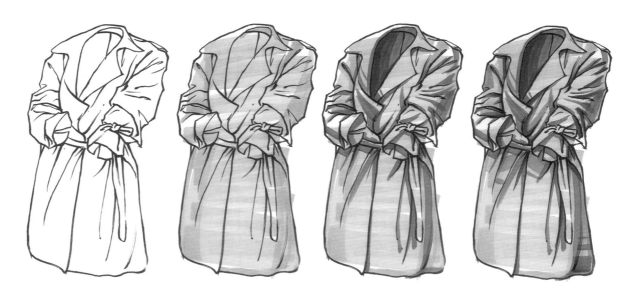

◎ 针织面料

　　针织面料服装质感一般较为粗糙，且伴有大的编织花纹，在基本服装的大关系绘制完成后，注意绘制花纹细致的明暗变化即可。另外，彩铅对于针织面料质感的表现有着天然的优势，可以与马克笔配合使用，使用时注意两种笔的过渡。使用彩铅绘制时可以不用绘制线稿表现编织纹理，直接上手画即可。

针织面料基本绘制方法

<u>01</u> 绘制出受光色（36）。

<u>02</u> 使用叠加法绘制出针织纹理形状。使用快干了的马克笔绘制会有更强的效果。

<u>03</u> 使用更深一号的同类色（104）绘制出针织纹理的光影关系。

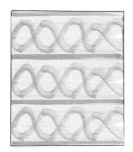
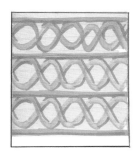

◎ 丝绸面料

丝绸质感服装表面顺滑柔软，易发生变形，产生褶皱、高光。在绘制时注意高光处的留白，多一些也没关系，同时要注意暗部不要太暗，要表现出丝绸材质易产生反光的质感。

丝绸面料基本绘制方法

丝绸面料的绘制方法与皮质类似，但丝绸更薄，所以会产生更多、更富有变化的褶皱。只要抓住绘制重点——高光，合理安排高光形状与排布节奏，绘制过程则会变得非常简单。

01 直接使用固有色（37）根据褶皱形状绘制出光影关系。

02 使用叠加法在高光周围绘制出明暗交界线。不要都统一加重，要注意控制虚实变化的节奏。

丝绸质感服装上色

01 绘制出服装的线稿。

02 使用固有色（WG2）绘制出光影关系，留出高光。然后使用叠加法加重高光两侧的颜色，简单表现出丝绸的质感。

03 使用更重的颜色绘制出阴影和褶皱。

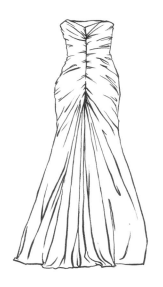

◎ 纱质面料

　　绘制纱质服装时，一定要突出其轻薄、半透明的质感。铺底色时可以多在边缘处留白（内部也要有高光但面积比边缘处小），表现其易透光的特点。笔速一定要快，才能绘制出其通透的质感。暗部快速叠加一次即可，而褶皱阴影、交界线则直接用比底色深很多的颜色绘制，表现纱质面料在叠加时产生的明暗效果。绘制时笔触尽量随意一些，表现纱质服装自由轻薄的服装形态。

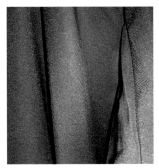

纱质面料基本绘制方法

　　平铺时的画法：使用快干透的马克笔绘制出其富有颗粒的、轻薄通透的质感。

　　产生褶皱及叠加关系时的画法：使用快干透的马克笔（WG7）根据褶皱形状绘制出光影关系，阴影部分使用叠加法加重，大阴影关系则使用浅很多的颜色（WG3）绘制出阴影部分，这样可以使阴影部分虚下去。透过来的颜色使用比原固有色灰的同类色绘制即可。

纱质服装上色

纱的材质很薄，极易形变，且具有很强的通透性，叠加时会产生丰富的层次感，是最富有变化的服装面料之一。在绘制时主要抓住以下几点。

① 大关系

虽然纱质服装明暗变化丰富，但跟随着人体转折所产生的明暗大关系还是一定要准确。简单来说就是在大关系确定的情况下，在一些特殊起伏部位做一些破形，打破其规律绘制即可。

② 丰富的层次变化

纱质服装即使是在静态正常站立的人身上也会产生很多的叠加层次。绘制时可以用忽浅忽深的明暗关系变化对其进行表达，最后可以对轮廓进行勾线强化其效果。

③ 通透性

层数少的纱质服装可以透出在其下的其他物体，对这个物体进行压灰绘制即可。

01 绘制出服装的线稿。

02 根据布料走向用干练的笔触快速绘制出最浅的受光色（WG2）。

03 根据人体体积关系使用固有色（WG5）绘制出概括的整体光影关系。

04 使用更重的颜色及小篆在视觉中心、边缘部分绘制更深的层次，绘制时要注意虚实的变化。

◎ 毛质皮草面料

　　毛质、皮草类服装质感蓬松，没有明显的廓形，在绘制时一定要画出其饱满的感觉及自由的廓形。绘制线稿时可以不去绘制明显的轮廓，在上色过程中使用颜色表现是更好的方法。另外，巧妙使用墨快干了的马克笔来表现毛、皮草的质感很有优势，所以有些马克笔在快用尽时也不要急着扔掉，可能在表现一些特殊画面或材质时有好的作用。

　　对于较粗糙的毛料、皮草质感服装，上色笔触面积大些即可。另外，根据情况对于体积的表达也可厚重一些。

毛质皮草面料基本绘制方法

　　<u>01</u> 使用快干了的马克笔（WG7）及正常的同类色（WG5、WG7）根据褶皱形状绘制出光影关系，注意笔触要做出些毛质布料不规则叠加的形态。

　　<u>02</u> 为了更好地表达质感，可以再使用小篆在明暗交界线附近绘制出一些翻毛细节。

7.2.4　服装纹饰表现

为了追求更高的美感，有些服装则采用带有纹饰的服装面料，用染、印、拼接等处理方式丰富服装的视觉感受。我们也会经常遇到带有特殊纹饰的服装，下面举几个最具代表性的纹饰绘制方法。基本所有的服装纹饰画法都可以通过下面几种绘制方式变化出来。

◎ 格纹

先画出格子的排列方式线稿，然后用平涂法上底色，注意过程中不要顿笔，把握好每次运笔距离，尽量不要出现叠加或留白。如果不小心出现了也没有关系，在后面的过程中根据情况调整即可。

设计好格子的颜色分配，这时可以把重色设计在出现平涂瑕疵的地方将其掩盖住。根据排列规律用平涂法上好格子的固有色。如果对马克笔上色没把握，怕上色笔触破出来，可以用马克笔圆头贴着线条内侧描边，然后再换方笔头快速铺好颜色。这样做也可使格纹看起来边缘明确，内部颜色通透。缺点是速度较慢，一般不推荐使用。

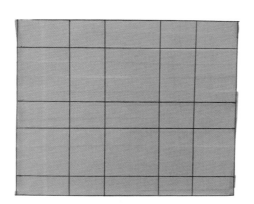

最后绘制出褶皱的阴影色，选用比底色更深更灰的阴影色迅速表达出阴影形状，调整虚实关系，格纹纹饰就表现完成了。如果是转折很大的褶皱，绘制线稿时应该在转折处画出形状的立体变化，再进行上述步骤的上色。

若追求更高的效果或遇到特殊颜色的纹饰，也可以分开处理或叠加处理光影关系，使褶皱上的每个颜色都有自身的光影色变化。最后还可以再使用高光笔让画面效果更加丰富。

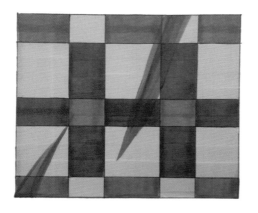

◎ 条纹

条纹纹饰一般较为简单，可以不起线稿。第一步，还是用平涂法铺好底色。

第二步，画出条纹的形状，注意粗细和排列模式。

第三步，画出褶皱阴影色。

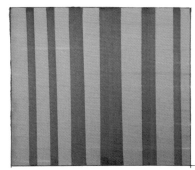

◎ 迷彩纹

先铺好底色，然后设计并画出迷彩形状的排布线稿。因为迷彩纹饰的形状、排布没有明确的规律，把握不好容易画得零碎不协调，所以在设计图案排布时要先从整体入手，先在几个重要位置绘制出主要的、几个大的迷彩图形，再在大图形的周围设计小图形的位置。过程中要注意考虑整体画面的协调性和节奏感。

与绘制线稿时先绘制大图形的原理相同，上迷彩颜色时也是先上几个主要的次重色（第二重的迷彩色），然后审视画面，把次重的迷彩色分配完成。有叠加部分的两个图形不要用同一种颜色，否则颜色会糊在一起。

次重的迷彩色上完后，上最重色。先把附近有叠加的图形用最重色铺好。再审视画面，把所有的迷彩图形线稿都上好色。

最后，观察画面，对其进行优化调整。添加新的图形来调整画面，分配好重色与次重色，强化画面节奏感。

暗迷彩纹画法：还有一种较简单的迷彩画法，是用不同饱和度颜色的对比来绘制。我们都知道同一只马克笔迅速扫画与慢慢反复叠加有不同的效果，这个画法即是根据这个原理来绘制的。且用这种画法绘制出的图案远看是同色系的整体，近看又有丰富的变化，较沉稳而有内涵。

用圆头马克笔画出迷彩形状，这样的迷彩就不需要图案之间产生交叠了，分开画即可。

在画出的图形轮廓里上色。可以使用方头来反复叠加（但不要过度造成纸张起毛），也可以用圆头慢慢涂满。画完后可以再用圆头描一遍边缘，使图形轮廓更加清晰。

  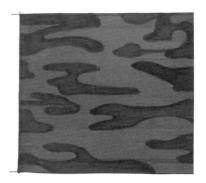

基本的纹饰画法就是如此，但与服装结合时，也要分情况来使用不同的方法绘制。像迷彩纹饰这种较没有规律的图案或很大的图案一般先画图案再上光影；像条纹纹饰、方格纹饰这样有规律的纹饰图案，可以先简单地画出服装的底色（图案比底色暗的情况下），上好简单的明暗，再用重色根据服装结构、褶皱画出纹饰，就可以很好地体现服装的体积感。

08

时装效果图

上色表现

8.1 春季时装效果图上色表现

8.1.1 印花服装上色表现

未另标明品牌所用马克笔均为STA。

<u>01</u> 用WG0.5号或其他浅肤色马克笔画出皮肤的固有色，注意在中间位置留一些高光。脸部绘制要精致，其他部位绘制要迅速，保证肤色的通透感。最后根据服装与人体的关系绘制出服装在人体上的阴影（25号），使服装与人体完全成为一个整体，也就是着衣人体。

<u>03</u> 对脸部进行上色，瞳孔与发色使用96号马克笔表现，嘴唇使用7号马克笔表现。觉得效果不强或出现瑕疵时可以把眼妆加重以得到更好的效果。然后上服装的固有色。发型则用更加随性的笔法使用96号来绘制，但要注意在发型的受光面留出有型的高光。

<u>02</u> 用25号（与WG0.5号色对应）画出光影色变化，表达出人体的转折。在着手上光影色前，我们要确定光源方向，主要分为顶光、侧光。不过无论怎样，都要保证整体明暗关系协调。当我们能够熟练运用后，就可以轻松绘制更加自由的散光效果和更加特殊的逆光效果。

<u>04</u> 根据大关系对剩余部分纹理进行整体上色，注意整体协调性。深灰色部分用WG7号绘制，因为即使实物图的颜色接近黑色，也要留出空间来表达明暗关系。一般服装的黑色部分在上底色时通常都用WG7/CG7/BG7，然后在表达颜色更暗的部分时使用黑色马克笔即可。红色部分使用了明度较亮，纯度较灰的7号马克笔，拉开与深灰色和黑色的对比，再加上留白，整幅画面由黑、红、白组成。

因为该案例中黑、白、红这三种颜色本身就有一定的差异，所以没有必要再去精细绘制拉开红色部分的明暗对比关系，在重要的转折处叠加一笔即可

<u>05</u> 因为该案例服装纹饰很复杂、很丰富，画出光影色会影响其效果，所以只需要在重要的地方稍表达即可。光影色用黑色（120号）上色完成后，用高光笔提出纹饰细节，也对纹饰整体明暗进行微调。

<u>06</u> 用高光笔提出精细的白色纹理效果，对明暗不协调的问题进行调整。最后用小篆或美工笔对轮廓线条进行强化，尤其是四肢轮廓线条，绘制一定要流畅。可以修改边缘的一些瑕疵，并对画面效果进行提升。

对轮廓线条进行强化调整及使用高光笔调整时可以把边缘处绘制时不小心溢出的毛糙颜色掩盖掉

8.1.2 印花外套上色表现

01 用WG0.5号以概括的笔法迅速铺出人体第一层颜色。

02 用25号绘制出人体光影关系。表达出人体皮肤颜色、质感、体积感。

03 直接绘制出面部五官的最终效果，眼妆使用与嘴唇相同的7号上色，发色使用96号上色。因为该服装底色浅，所以先不绘制图案，直接用WG3号画出服装整体的光影色。左肩底色为大面积红色，直接使用7号简单表达。

04 绘制出服装图案的固有色。黑色部分依旧使用WG7号表现，小面积的蓝色部分则使用72号表现。黄色部分使用36号迅速扫笔，并与叠色技法结合进行表现。袖口处为了呼应淡紫色则使用法卡勒200号马克笔进行绘制。为了不使腰带的颜色与印花的黑色糊在一起，使用了浅一号的WG5号马克笔绘制腰带的固有色。

05 因为前面简单地绘制了服装的整体光影关系，所以只要对大转折处、褶皱处图案进行一些简单明暗处理即可。主要表达光影变化的区域是腰带，阴影使用WG7号绘制，下垂的飘带则使用WG5号以叠色的技法，制造较温和的明暗关系。重色印花区域使用120号绘制。

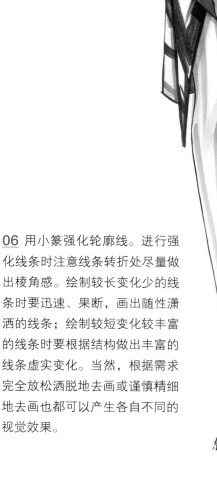

06 用小篆强化轮廓线。进行强化线条时注意线条转折处尽量做出棱角感。绘制较长变化少的线条时要迅速、果断，画出随性潇洒的线条；绘制较短变化较丰富的线条时要根据结构做出丰富的线条虚实变化。当然，根据需求完全放松洒脱地去画或谨慎精细地去画也都可以产生各自不同的视觉效果。

8.1.3 休闲纹理外套上色表现

01 用WG0.5号迅速概
括地画出第一层肤色。

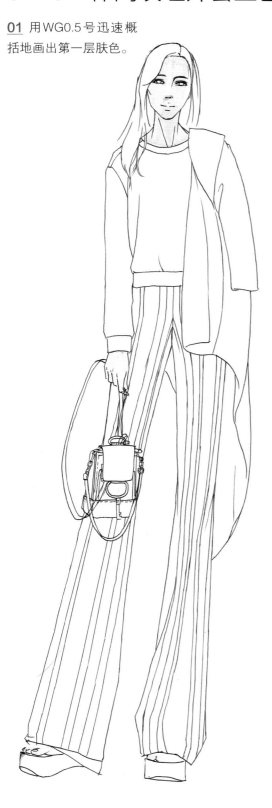

02 用更深的25号表达
人体光影效果。一定要
注意出现阴影的地方，
这些阴影可以使亮色肤
色区域显得更加突出。

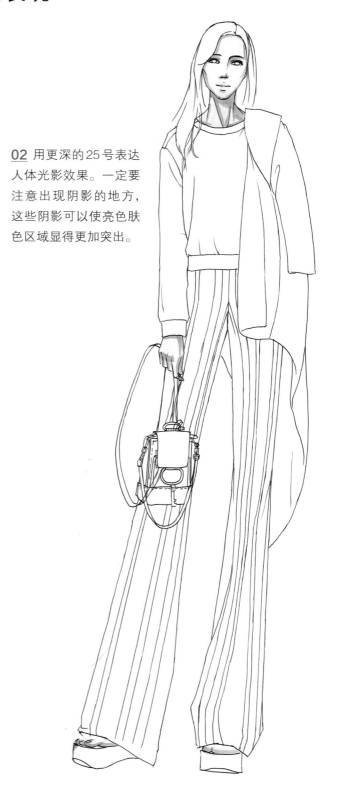

03 对脸部进行绘制，下唇亮部使用了比上唇（7号）更浅的9号进行上色，可以更精致地表达嘴部关系，且使人呈现出清新的形象。然后上固有色，外套深色纹理使用WG5号表现，裤子底色使用BG3号表现，蓝色条纹使用72号表现。完成对纹理形态的初步塑造。鞋子使用36号绘制，手提牛皮包使用TOUCH24号马克笔平涂绘制。

04 用比各部分更深的颜色（上衣、外套底色使用WG1号及WG3号，裤子底色使用BG5号）上光影色表达底色部分的体积、转折。鞋子的暗部、阴影使用法卡勒247号和170号马克笔绘制。

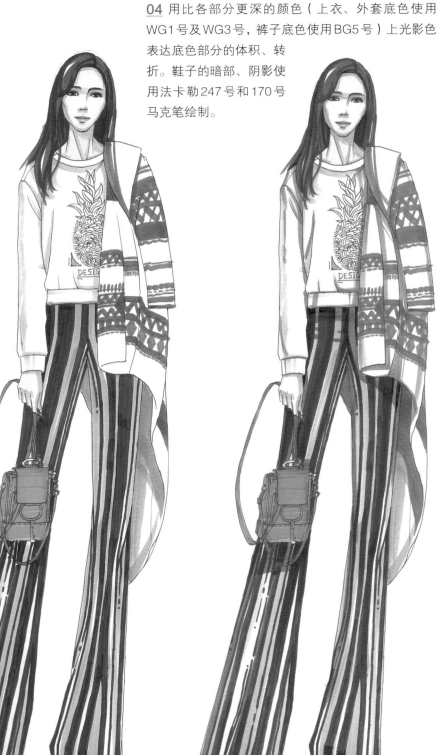

05 对各个深色纹理部分进行光影处理。外套深色纹理使用WG7号和WG5号进行叠色绘制，裤子则使用深蓝色法卡勒245号或者115号马克笔绘制。注意大关系准确，要有整体的光影感。牛皮包使用TOUCH24号马克笔以单色叠加的技法表达简单的体积感。

06 用美工钢笔进行线条强化。

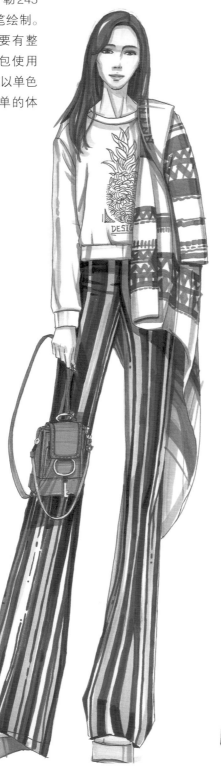

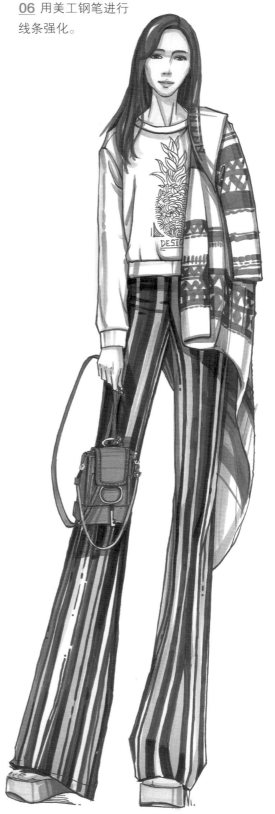

8.1.4　薄呢子外套上色表现

01 肤色部分用WG0.5号和25号一次性完成。然后顺着结构平涂服装固有色（浅色：WG3，驼色：法卡勒149），因为是浅色系服装绘制，尽量不要出现太明显的笔触叠加。如果出现较严重的笔触叠加就需要在该处安排一个褶皱或过渡笔触，用更深的颜色掩盖一下。平涂完成之后，用平涂固有色的马克笔把阴影部分加深填满，使阴影部分颜色更深更饱和，用饱和度与亮度对比区分出简单的阴影关系。

过渡笔触除了其基本作用以外，还可以起到提升画面丰富程度、调整大关系的作用，使用时注意放松，身手不要拘谨，顺着结构果断扫出，使画面看起来自然与随性

02 如果在上光影色时没有头绪，可以先把褶皱、服装本身结构造成的这些必然产生的光影关系的位置用重色简单上完。确定重色的位置，然后再观察整体关系，在需要加重或需要过渡的地方添加光影关系或过渡笔触。该案例的光影关系使用WG5号、WG7号和95号表现。

03 在上一些大结构的光影关系时，如大衣衣身的体积感，可以直接在第一步上色的基础上在光影交界处用更深的颜色扫出一笔明暗交界线，这样可以简单直接地表现出服装的整体体积效果。

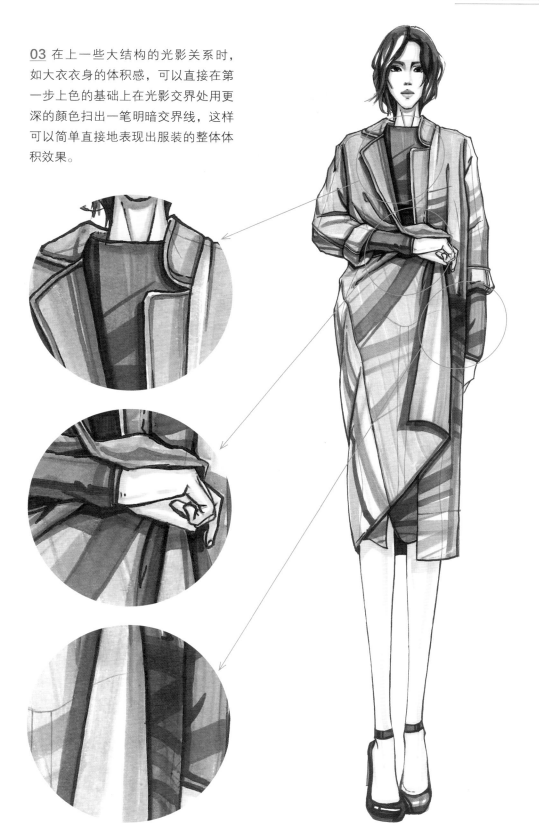

8.1.5 休闲硬材质外套上色表现

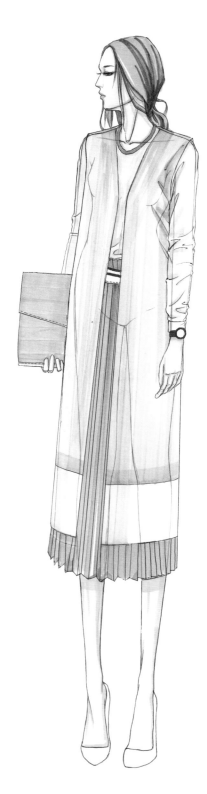

01 使用WG0.5号和25号结合完成皮肤上色。眉色和瞳孔色使用96号表现。唇色使用7号和9号上色。发色亮部使用法卡勒170号马克笔上色，暗部使用法卡勒247号和171号马克笔结合表现。浅色内衬阴影使用WG1号上色，底色留白。外套底色用BG2号上色。百褶裙用CG5号上色。包用WG3号上色。

02 腰带和袖口用96号表现。外套光影色和过渡区域用BG5号表现。百褶裙暗部用CG7号表现，包的暗部用WG5号上色。

03 因为该案例服装轮廓富有棱角，所以选择使用美工笔进行线条强化。

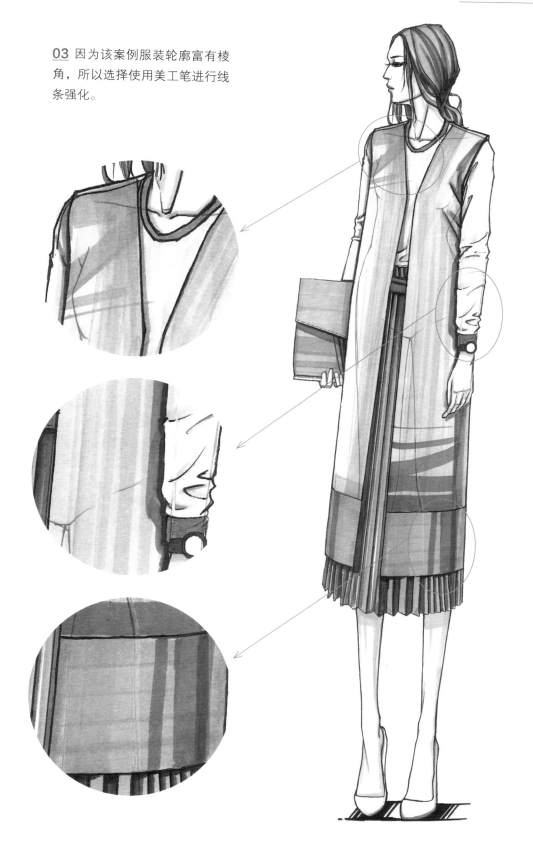

8.1.6　秀场时装上色表现

<u>01</u> 时装秀场中的模特通常浓妆艳抹，有着浓重而色彩各异的眼影、富有棱角的颧骨、丰满的嘴唇，所以在绘制脸部妆容时可以使用重而纯的色彩。这里眼妆使用74号上色，发色底色采用留白处理，光影色使用WG1号和WG3号表现。时装外套固有色使用74号上色，里子使用法卡勒245号和115号马克笔上色。深灰色部分使用WG5号上色，黄色部分用37号上色。

<u>02</u> 经过上一轮绘制发现发型效果不强，所以用WG5号强化光影效果。时装外套的光影色用法卡勒245号马克笔以不同的叠加次数制造明暗效果，交界线则使用法卡勒115号马克笔以迅速扫笔的方式表现。深灰色时装暗部使用WG5号反复叠加绘制，交界线和褶皱则使用WG7号快速扫笔上色。

03 使用小篆强化线条。

在衣身与袖子间、领子下方或转折较大的
服装结构偏后处用重色卡一卡，可以增强
服装整体效果。但要注意颜色不宜太深，
一般使用明暗交界线色即可

8.1.7　不同材质混搭上色表现

在绘制带有零碎的饰品、图案或肌理（下面统称为图案）时，若底色为比图案浅的颜色，就先不要管图案，直接画出没有图案的衣服光影效果，最后再用图案的重色盖住底色绘制出来即可。如果追求更加精致的效果可以把图案的光影效果也画出来。

如果图案的颜色比衣服的颜色浅，有两种方法：一是绕开图案，其他部分采用常规的绘制方法，此方法只需使用马克笔即可，但是这样会影响运笔的流畅性，遇到复杂的图案轮廓时可能还会造成一些难看的颜色叠加（这种情况参考下一种方法）；二是使用具有覆盖力的工具，如色粉、水粉、丙烯笔或实物（覆盖法）等。

01 先绘制出各部分的底色。外套用WG1号上色。连衣裙用72号上色。黑皮裤用WG7号上色。绘制时注意虚实变化与留出高光形状。鞋子用WG3号上色。

02 先绘制出外套的底色光影效果，然后添加深色纹理。绘制裙子时注意因为裙子的起伏，空间变化很大，所以会产生很强烈的光影效果。暗部、阴影直接选择法卡勒245号和115号马克笔上色，完成对暗部的绘制后用底色的蓝过渡一下即可。绘制皮裤时使用WG9或120号在高光两侧（稍有距离）顺着腿部结构扫下去，控制虚实变化由实到虚再实，然后用WG7号根据受光做一些柔和的过渡，皮裤质感就表现出来了。

03 使用小篆强化线条。除了轮廓线、褶皱线使用强化线条的技法，脸部及头发也常常使用。尤其是头发，合理的使用可以使发型产生丰富的层次感与飘逸感，对头发质感的表现也有很大的帮助。在脸部使用中除了加重整体轮廓使脸部出彩，一般还用来加重眉眼的颜色，或卡一下颧骨，给脸部"补个妆"。

8.2.1 印花连衣裙上色表现

未另标明品牌所用马克笔均为STA。

01 用WG0.5号快速铺出人体皮肤的固有色。

03 绘制出服装图案固有色。橙色用TOUCH24号马克笔上色,紫色用法卡勒121号马克笔上色,淡紫色用法卡勒200号马克笔上色。

02 用25号继续绘制出人体皮肤的光影色,并完成对头部、五官的绘制。在绘制此类发型时可以留出细小的高光来增加层次感。

04 简单表达明暗效果。因为是先上图案固有色，所以在上服装底色的光影色时，用WG2号迅速扫过，不要造成图案颜色损坏。

06 用小篆对线条进行强化。小篆对于浅色、较柔软的服装线条表达具有独特的优势，使用时注意一定要快速、流畅，一气呵成。

05 使用颜色更重的WG3号强化大转折处的光影效果，并用绘制图案的固有色多次叠加以表达图案处的服装转折关系。除了淡紫色的暗部使用7号上色，其他颜色都使用单色叠加技法处理光影效果。

8.2.2　休闲纹饰裙装上色表现

01 使用WG0.5号迅速画出人体皮肤固有色。

03 完善对于脸部的塑造，发型使用WG7号和WG9号绘制。接下来使用法卡勒115号马克笔绘制出第一种颜色的服装纹理。

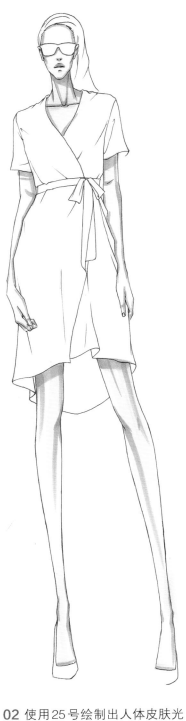

02 使用25号绘制出人体皮肤光影色。脖子处、胳膊、腿上方的阴影一定要压住。

04 使用法卡勒215号马克笔绘制出第二种颜色的服装纹理。

06 用钢笔强化轮廓线条。腿部轮廓线条一定要流畅，虚实关系注意把握准确：始实而重，慢慢轻而虚，到了膝盖转折处，均匀地实一下，慢慢再虚过去，结束时再实下去。

05 使用WG3号和WG5号添加服装光影关系（本该在第一步进行，但如果画了也不要犹豫，注意迅速扫过即可）。

8.2.3　街头撞色 T 恤上色表现

01 首先绘制出固有色。皮肤部分使用25号、WG0.5号绘制。使用96号绘制头发。服装则使用16号绘制红色部分，使用74号绘制蓝色部分，深灰色部分使用wg7号绘制。

03 用小篆进行线条强化。

02 绘制出光影效果，红色部分采用单色叠加，最重的地方使用1号酒红色表现，蓝色部分的暗部使用70号上色。

8.2.4　夏季时装特殊绘制手法

　　除了中规中矩的基础上色方法，在表现一些结构较自由的服装时（多为夏季裙类）也可以使用另一种绘制方法，用随性的笔法通过各种方式的笔触排列、叠加与留白表达出服装的体积感与质感，省时省力，效果也很强烈、大气。不过想要使用这种画法画出彩，需要一定的基础与对整体画面的掌控力。

　　这种画法笔触排列的依据有两个：一是人体，二是服装。大部分与人体贴合的服装走向与人体基本一致，但服装的其他很多部位与人体的方向不一致（如向内收的腿与向外展开的裙摆），略有偏差或背道而驰。合理设计并组合这些大方向与褶皱的小方向笔触，绘制过程中注意把握大的明暗关系，运笔保证准确果断，即可画出此类潇洒飘逸的服装效果图。

8.3 秋季时装效果图上色表现

8.3.1 长礼服裙上色表现

未另标明品牌所用马克笔均为STA。

01 用WG0.5号以概括的笔法画出人体皮肤固有色。

02 使用25号上人体皮肤的光影色。通常与服装产生叠加关系时,在后面的一方需要用光影色卡一下表示位置关系。

03 完成对头部和五官的绘制。发型使用法卡勒247号和170号绘制。然后对服装下方的纹饰进行简单塑造。

04 用法卡勒3号马克笔绘制出服装的固有色，注意留出高光。绘制类似裙装时尤其是此类丝绸质感富有光泽的时装，都要留出有型的高光。

05 用36号塑造光影关系。注意在塑造此类亮色、鲜艳的服装时，不宜使用较强的对比关系，容易使服装颜色鲜艳的特点表达不完全，通常使用稍深的颜色简单表达即可。这种技法与强化线条技法结合会产生非常强的对比度，从而产生更好的效果。

06 用小篆对线条进行强化处理。注意服装轮廓的虚实关系，服装轮廓与人体轮廓不同，服装轮廓更加富有变化，而人体轮廓则只有整体的、柔和的虚实变化。

8.3.2 休闲时装上色表现

01 用WG0.5号画出人体皮肤的固有色。

02 用25号画出人体皮肤的光影色。再次强调一定要有阴影压住。

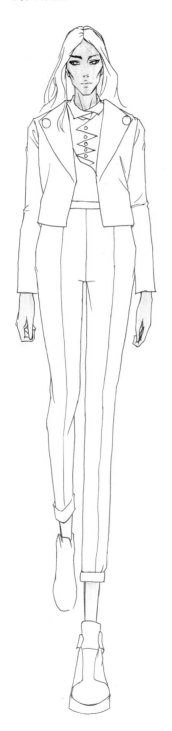

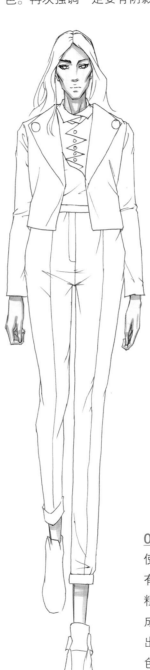

03 完成对脸部的绘制，使用CG5号画出服装固有色。该服装裤子由较粗糙但有光泽的面料制成，可以先用WG7号画出光影色，然后用固有色平涂，以此柔化光影色的笔触边缘形状，达到表现质感的目的。

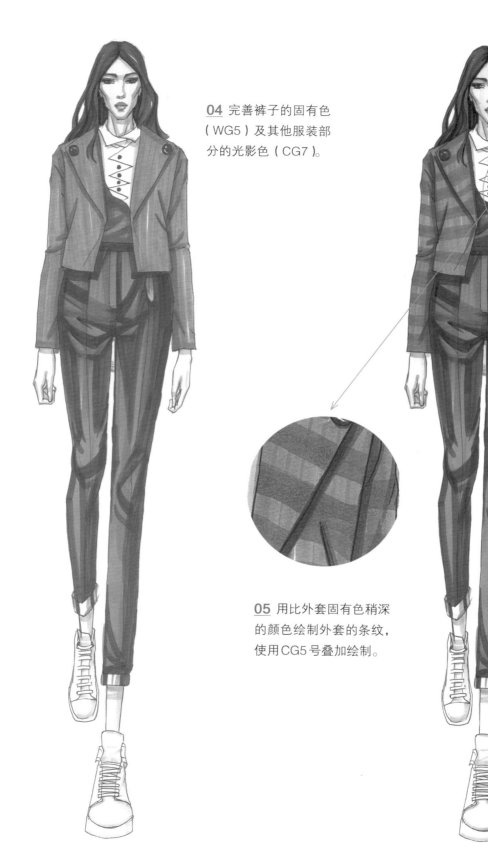

04 完善裤子的固有色
（WG5）及其他服装部
分的光影色（CG7）。

05 用比外套固有色稍深
的颜色绘制外套的条纹，
使用CG5号叠加绘制。

06 用高光笔对外套
添加其他细节。

07 用小篆完成对线条
的强化。尤其是白色鞋
部的线条，一定要重视
这种亮色服装区域，强
化线条的丰富性。

8.3.3   针织类时装上色表现

<u>01</u> 用WG0.5号画出人体皮肤的固有色。

<u>02</u> 用25号画出人体皮肤的光影色。

<u>03</u> 完成对头部的绘制，并使用快干了的WG5号画出毛衣的固有色，然后使用快干了的WG7号直接上毛料部分的光影色。针织类服装、毛料服装用快干了的马克笔表达有更好的效果，尤其是毛料服装。鞋子使用WG7号绘制，使用重色压住画面，留出高光拉开关系，表达质感。

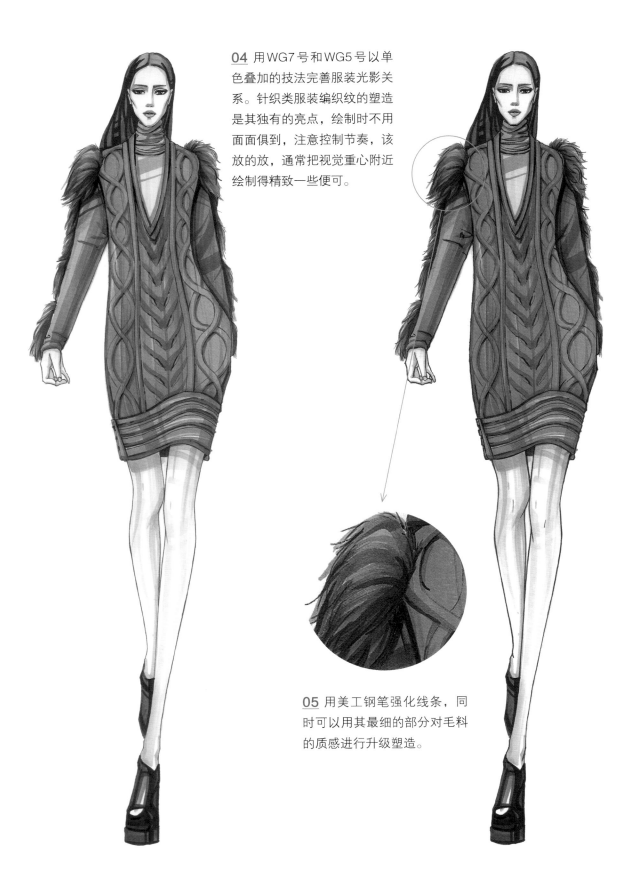

04 用WG7号和WG5号以单色叠加的技法完善服装光影关系。针织类服装编织纹的塑造是其独有的亮点，绘制时不用面面俱到，注意控制节奏，该放的放，通常把视觉重心附近绘制得精致一些便可。

05 用美工钢笔强化线条，同时可以用其最细的部分对毛料的质感进行升级塑造。

8.3.4　街头混搭时装上色表现

<u>01</u> 用WG0.5号绘制人体皮肤的
固有色。

<u>02</u> 用25号绘制人体皮肤的光
影色。

03 完成对头部的绘制，发型中留出几缕亮色的头发（97号）会产生独特的效果。然后绘制服装的固有色，注意浅色的服装可以直接用丰富的笔触及高光表达。使用法卡勒124号马克笔绘制西服的光影色，用法卡勒62号和149号马克笔上毛料边，用16号（STA）绘制红色的里衬。

04 用各部分更深的颜色进一步塑造服装光影。红色里衬用WG3号和WG5号进行融色处理表现光影效果。处理褶皱的效果时，注意控制画面节奏，根据主次关系把主要的视觉中心附近或位置明显部位的褶皱着重处理，画出多层关系，次要部位画出明暗这两层关系即可，甚至直接用一种灰颜色虚下去也可以。

05 感觉还是达不到自己想要的效果时，可以再增加一个对比层次，并结合丰富的过渡笔触，使画面更加耐看，有内涵。

06 用小篆强化线条，完成整幅画的绘制。

8.3.5　休闲深色牛仔时装上色表现

　　在表现深色牛仔面料时，可以用较深的法卡勒245号马克笔故意把整体颜色画重，就算没有细节关系也没有问题，在铺完整体色（整体明暗关系正常）之后，可以直接用高光笔画出结构线及缝合线作为装饰线，效果比较强，同时也起到了塑造结构及体积感的作用。

01 迷彩裤底色使用GG3号绘制。迷彩色使用62号绘制。光影关系使用GG5号以扫笔的方式塑造。鞋子固有色使用24号绘制。

02 使用法卡勒115号马克笔绘制牛仔上衣的光影效果。鞋子光影关系使用法卡勒170号马克笔塑造。迷彩裤的光影关系使用WG3号和WG5号（STA）叠加绘制，笔速要快，避免停顿产生污损。

03 使用高光笔提出牛仔衣服的结构线，用钢笔对画面线条进行强化处理。

8.3.6 复古休闲装上色表现

01 偏灰的服装比较适合高对比的绘制方法，使用恰当可以达到更强的效果。该案例上衣的第一层色使用法卡勒245号马克笔绘制；裤子的第一层色使用36号绘制；发色用96号（STA）绘制。

03 使用小篆进行线条强化，裤子部分要着重处理。

02 上衣的光影色使用法卡勒115号马克笔绘制，针对该服装较硬的材质可以使用较方的笔触绘制。裤子光影关系使用较深的法卡勒171号马克笔绘制，然后用法卡勒170号马克笔在明暗关系对比突兀处进行一些过渡。

8.3.7　浅色牛仔时装上色表现

01 用WG0.5号和25号完成对肤
色部分的绘制。然后使用76号
和BG3号初步表现牛仔时装效
果，注意对牛仔面料普遍很重要
的留白。

03 使用小篆对画面线条进
行强化处理。

02 牛仔上衣使用单色简单叠加技法稍稍
处理。裤子则使用深色的BG5号、BG7
号和120号绘制，通过高明暗对比表现下
装，使画面节奏得到变化，也拉开了两者
之间的关系。

8.4   冬季时装效果图上色表现

8.4.1   羽绒材质时装上色表现

未另标明品牌所用马克笔均
为STA。

01 使用WG0.5号绘制人体
皮肤固有色。

02 用25号绘制人
体皮肤光影色。

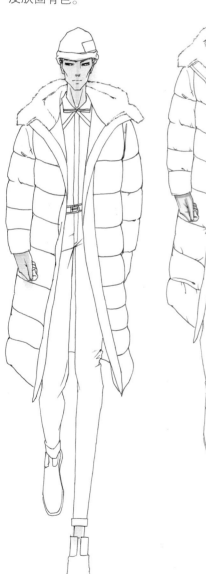

03 绘制服装固有色。根据羽
绒服特殊的质感留出有型的高
光,注意根据光源对高光面积
的影响控制好变化趋势。同
时,羽绒服的变化较为丰富,
虽然其固有色很暗(WG7),
但为了能更好地控制其变化,
需要用比固有色再浅一些的颜
色来铺色(WG5),下面称之
为受光色。

04 有了受光色作为基础，接下来用固有色做出简单的层次变化，表达出羽绒服表面丰富的褶皱变化和转折变化。这里十分考验笔触的使用及对整体大关系的把控，绘制前一定要对大关系有明确的理解。同时，在高光附近（位置很重要）用固有色（WG7）轻扫，可以制造出明显的、有光泽的羽绒服质感。大家在绘制时不妨试一下。

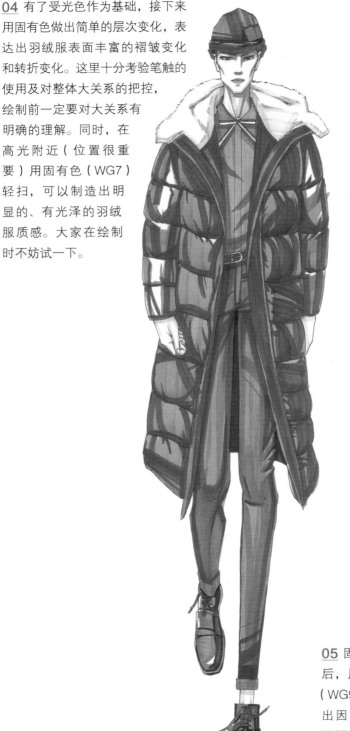

05 固有色层次铺完后，用更深的光影色（WG9/WG120）绘制出因阴影、强转折、深褶皱对光影影响而产生的第三层颜色对比关系。羽绒服的质感基本塑造完成。

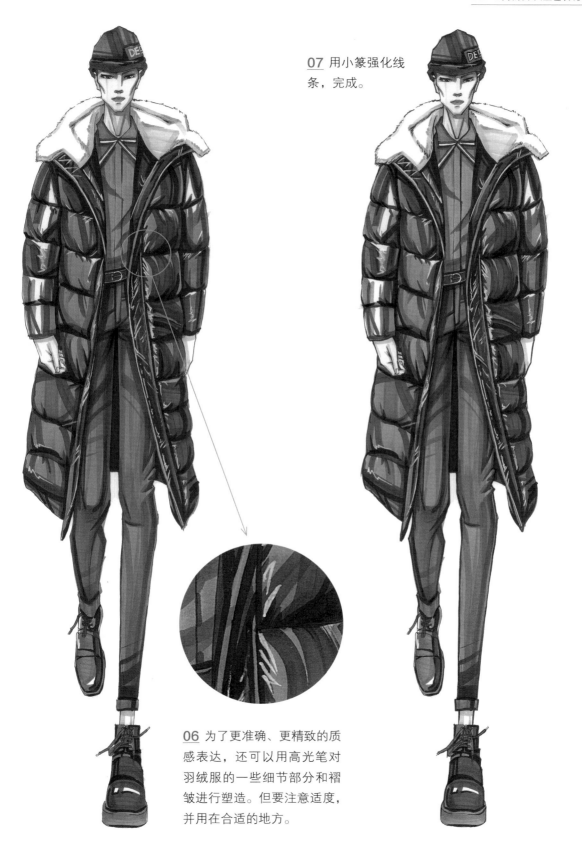

<u>07</u> 用小篆强化线
条，完成。

<u>06</u> 为了更准确、更精致的质
感表达，还可以用高光笔对
羽绒服的一些细节部分和褶
皱进行塑造。但要注意适度，
并用在合适的地方。

8.4.2　厚呢子大衣上色表现

01 用WG0.5号绘制人体皮肤的固有色。

03 先完成对头部的绘制，再上服装的固有色。橙色毛衣使用24号上色。灰色大衣使用WG3号绘制。

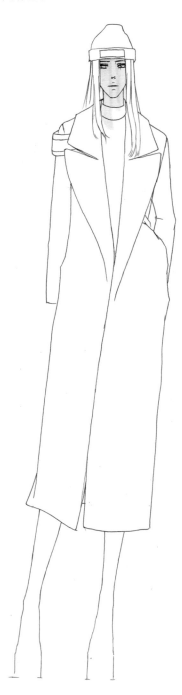

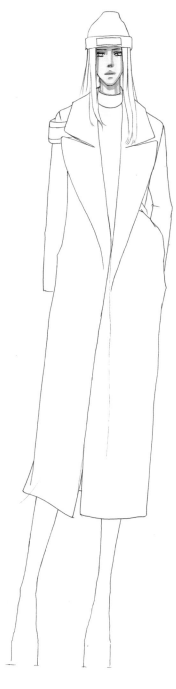

02 用25号绘制人体皮肤的光影色。

04 使用WG5号绘制出光影效果，注意对厚呢料衣服厚重暗部的上色塑造。皮质的鞋最简单的表达方法就是画重色，在最鼓的位置留高光。绘制过程中发现上身服装缺乏重色平衡画面，于是在橙色毛衣上添加了重色纹饰。

06 用小篆完成对轮廓线条的强化。

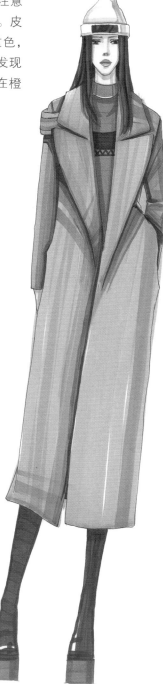

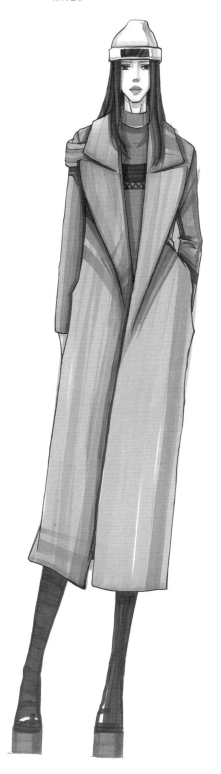

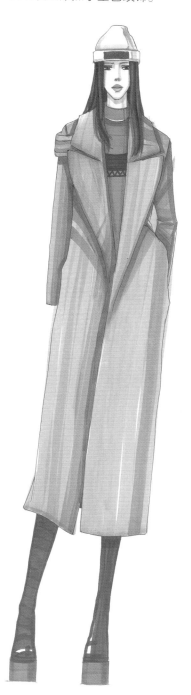

05 用WG7号卡出大衣的重转折及阴影，给画面增加一个对比层次。

8.4.3　有色羽绒服时装上色表现

　　在遇到一些特殊材质的服装效果图表现时，不要刻意按照实物图画，要抓住材质的特点，用夸张的手法表现其效果。例如在该案例中，羽绒服的部分就直接用了大面积留白的技法，但这个留白并不是随意的，主要是根据自设光源方向、服装褶皱受光的状态、褶皱形状及受光过渡这几个方面来设计的效果。

01 羽绒服的效果只使用法卡勒215号马克笔与留白的技法塑造。帽子上的毛绒使用96号、36号（STA）和法卡勒170号马克笔结合绘制。

02 使用小篆对画面线条进行强化。在羽绒服的一些大结构转折处、褶皱处也使用小篆卡一下，强化服装效果。

03 使用高光笔给黑色毛衣添
加一些纹饰，绘制时注意图案
节奏变化。

8.4.4　皮草大衣上色表现

01 用快干了的WG5号绘制出皮草质感的初步色调。牛仔裤使用76号绘制固有色。

03 使用小篆强化线条收尾。

02 使用颜色更深的WG7号做出光影效果，然后用黑色卡一下需要压下去的位置。多做一些过渡笔触，有助于画面的丰富程度。